航空特种设备技术概论

主编　钱正在　黎学远
编著　胡　进　孟　飞　刘建安　严　浩　徐亨成
主审　吕印晓　钱　坤

国防工业出版社
·北京·

内容简介

本书重点介绍航空特种设备技术相关的专业基础知识。全书分为三篇：第一篇为飞行控制系统，第二篇为航空陀螺仪，第三篇为飞机电气系统。第一篇介绍飞机运动基本知识、人工飞行控制系统和自动飞行控制系统基本理论及现代飞行控制技术；第二篇介绍陀螺仪的基本特性及陀螺仪的应用，包括几种典型陀螺仪及惯性导航系统；第三篇介绍飞机电源系统、输配电系统、发动机控制电气系统和飞机机电控制系统等的基本工作原理。

本书适用于航空特设专业生长干部任职培训学员使用，也可供从事航空机务维修保障的人员参考。

图书在版编目(CIP)数据

航空特种设备技术概论/钱正在，黎学远主编. —北京：
国防工业出版社，2016.3
ISBN 978 - 7 - 118 - 10511 - 7

Ⅰ.①航…　Ⅱ.①钱…②黎…　Ⅲ.①航空设备
Ⅳ.①V243

中国版本图书馆 CIP 数据核字(2016)第 030608 号

※

国防工业出版社 出版发行
(北京市海淀区紫竹院南路 23 号　邮政编码 100048)
天利华印刷装订有限公司印刷
新华书店经售

*

开本 787×1092　1/16　印张 12¼　字数 280 千字
2016 年 3 月第 1 版第 1 次印刷　印数 1—3000 册　定价 49.00 元

(本书如有印装错误，我社负责调换)

国防书店：(010)88540777　　　发行邮购：(010)88540776
发行传真：(010)88540755　　　发行业务：(010)88540717

前　　言

在航空领域里，飞机特种设备包括飞行控制系统、飞机仪表系统、飞机电气系统三部分，它是保证飞机正常飞行的重要机载设备。

航空特种设备涉及的部件种类繁多，与其他机载设备交联关系复杂，尤其是航空特种设备技术复杂，涉及面广，这对从事航空特种设备的有关人员提出了很高的要求。为了使生长干部任职教育学员能在短时间内了解和掌握相关基础理论，我们在分析生长干部任职教育学员知识结构的基础上，针对特设装备的特点，编写了本书。

本书在内容设计上，贯彻了知识系统、科学新颖的原则；在内容选取上，主要结合航空特设装备的技术现状与发展趋势，同时参考相关专业基础教材，图文并茂，适用性强。

全书分三篇，共 12 章。其中，第一篇为飞行控制系统，包括第 1~4 章。第 1 章介绍了飞机运动的基本知识；第 2 章介绍了人工飞行控制系统的组成及控制原理；第 3 章介绍了自动飞行控制系统的组成、控制原理及典型的控制方式；第 4 章介绍了主动控制、综合控制与飞行管理等现代飞行控制技术。第二篇为航空陀螺仪，包括第 5~9 章。第 5 章介绍了航空陀螺仪的分类、结构、应用和发展；第 6、7 章分别介绍了三自由度陀螺仪和二自由度陀螺仪的基本特性，分析了引起陀螺的漂移的因素；第 8 章介绍了几种典型陀螺仪的结构及工作原理；第 9 章介绍了惯性导航的基本原理。第三篇为飞机电气系统，包括第 10~14 章。第 10 章介绍了飞机供电系统的组成、飞机供电系统的基本参数、飞机用电设备特性、飞机电气设备的工作条件及基本要求；第 11~14 章分别介绍了飞机电源系统、飞机输配电系统、发动机控制电气系统、飞机机电控制系统的组成及典型设备。

本书第 1~4 章由钱正在编写，第 4~6 章由黎学远编写，第 7 章由严浩编写，第 8、9 章由刘建安编写，第 10、11 章由孟飞编写，第 12、13 章由胡进编写，第 14 章由徐亨成编写。全书由钱正在、黎学远任主编，吕印晓、钱坤担任主审。在编写过程中，编者与主审一起多次研究讨论，对全书的内容结构与内容取舍进行反复修改，使得各个篇章的知识系统全面、针对性强，符合生长干部任职教育学员的特点。

本书主要用于生长干部任职教育学员的专业基础补差课程学习，也可作为航空特设装备专业维修保障人员的基础理论知识学习参考书。

由于编写时间和水平所限，书中差错敬请读者指正。

作　者

目　录

第一篇　飞行控制系统

第二篇　航空陀螺仪

第三篇　飞机电气系统

第一篇　飞行控制系统

第 1 章　飞机运动基本知识

飞行控制系统的控制对象是飞机。如何描述飞机的运动，飞机在运动过程中受到哪些力和力矩的作用，飞机的运动有何规律，本章将回答这些问题。

1.1　飞机在空间运动的坐标系

作用在飞机上的空气动力和力矩与选择的参考坐标系有密切的关系，而飞机运动参数和操纵机构参数也是相对于坐标系而言。并且，若参考坐标系选择适当，可使飞机的运动方程形式简单，也便于分析。下面介绍几种常见的右手直角坐标系，引出飞机姿态角、气流角等一些重要飞行参数，给出操纵机构的参数的定义。顺便指出，不同国家对坐标系的规定互不相同，在查阅资料时应加以注意。

1.1.1　地面坐标系 $Ax_dy_dz_d$

地面坐标系简称为地轴系，如图 1-1 所示。原点 A 取在地面上某一点，轴 Ax_d 和 Az_d 位于地平面内相互垂直，其方向视具体情况而定，轴 Ay_d 垂直于 Ax_dz_d 平面，指向上方。

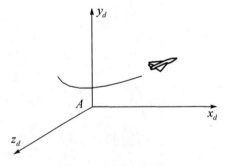

图 1-1　地面坐标系

1.1.2　机体坐标系 $Ox_ty_tz_t$

机体坐标系简称机体轴系，如图 1-2 所示。这个轴系是固定在飞机上的。原点 O 位于飞机质心；纵轴 Ox_t 沿机身轴线或机翼平均气动弦线而指向前方；竖轴 Oy_t 在飞机对称面内并垂直于轴 Ox_t，指向上方；横轴 Oz_t 垂直于飞机对称面，指向右方。

利用机体坐标系相对于地面坐标系的关系可以方便地描述飞机的姿态运动。

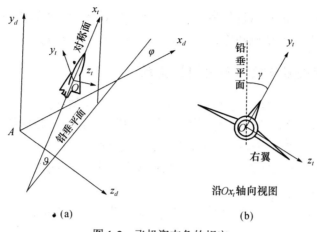

图 1-2　飞机姿态角的规定

(a) 地面坐标系；(b) 机体坐标系。

1.1.3　速度坐标系 $Ox_qy_qz_q$

速度坐标系简称速度轴系，如图 1-3 所示。原点 O 也在飞机的质心处；轴 Ox_q 沿飞行速度矢量方向(一般情况下，飞行速度矢量不一定在飞机的对称面内)；轴 Oy_q 在飞机对称面内，垂直于轴 Ox_q，指向飞机上方；Oz_q 轴垂直于 Ox_qy_q 平面，指向右方。

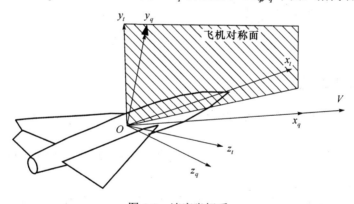

图 1-3　速度坐标系

1.2　运动参数和操纵机构的参数

1.2.1　飞机的姿态角

三个姿态角表示机体轴系与地轴系之间的相对关系，如图 1-2 所示，其定义如下：

(1) 俯仰角 ϑ ——飞机纵轴 Ox_t 与水平面 Ax_dz_d 之间的夹角，当轴 Ox_t 向上方倾斜时此角为正，反之为负。

(2) 偏航角 φ ——飞机纵轴 Ox_t 在水平面 Ax_dz_d 上的投影与地轴 Ax_d 之间的夹角，绕轴 Ay_d 按右手法则决定正负，即机头左偏航时的偏航角 φ 为正，右偏航角为负。

3

(3) 滚转角 γ ——滚转角也称为倾斜角。机体轴 Oy_t 与包含纵轴 Ox_t 的铅垂平面之间的夹角,绕轴 Ox_t 按右手法则决定正负,即飞机右倾斜时 γ 为正。

1.2.2 速度矢量与机体轴之间的关系

速度矢量与机体轴之间的关系如图 1-4 所示,其定义如下:

(1) 迎角(又叫攻角) α ——飞行速度矢量在飞机对称面上的投影线与机体轴 Ox_t 之间的夹角。投影线位于机体轴 Ox_t 下方(即飞机正常飞行时), α 为正。

(2) 侧滑角 β ——飞行速度矢量与飞机对称平面之间的夹角。如速度矢量偏向对称平面右方,则 β 为正。

迎角 α 和侧滑角 β 反映了速度坐标系 $Ox_q y_q z_q$ 与机体坐标系 $Ox_t y_t z_t$ 之间的相互关系。

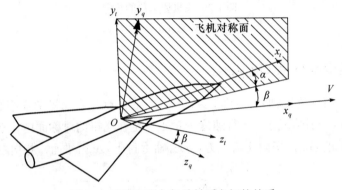

图 1-4 速度矢量与机体轴系之间的关系

1.2.3 飞机的航迹角

飞机的航迹角反映了飞机的速度坐标系与地轴坐标系的关系。航迹角包括以下三个变量:

(1) 航迹倾斜角 θ ——速度矢量与地平面的夹角(即 Ox_q 轴与地平面的夹角),以飞机爬升时的 θ 为正。

(2) 航迹偏转角 φ_s ——速度矢量在地平面的投影与地轴 Ax_d 之间的夹角,以左偏为正。

(3) 航迹滚转角 γ_s —— Oy_q 轴与通过速度矢量并与地平面垂直的平面之间的夹角,以 Oy_q 在该平面之右为正。

1.2.4 飞机的操纵机构

对于传统的飞机,飞机的运动一般是利用升降舵、方向舵、副翼及油门杆进行控制的。升降舵的偏转通过前后推拉驾驶杆来操纵,副翼的偏转通过左右压驾驶杆来操纵,方向舵偏转通过脚蹬操纵。这些操纵机构的偏转极性与其所产生的力矩极性有密切的关系,而操纵力矩的极性对分析飞机运动又很重要,因此,通常根据"操纵面的正偏转产生负操纵力矩"这一原则来规定操纵机构的偏转极性,如图 1-5 所示。

(1) 驾驶杆前推(飞机低头)为正，这时杆力 F_z、杆位移 W_z 均为正。驾驶杆前推使升降舵(或全动平尾)向下偏转，升降舵偏转角 $\delta_z > 0$，产生俯仰力矩 $M_z < 0$(即低头力矩)。

(2) 驾驶杆向左偏转，$F_x > 0$，$W_x > 0$；右副翼向下偏转，同时左副翼向上偏转，副翼偏转角 $\delta_x > 0$，产生滚转力矩 $M_x < 0$。

(3) 右脚蹬前移，同时左脚蹬后移，$F_y > 0$，$W_y > 0$；方向舵向右偏转，方向舵偏转角 $\delta_y > 0$；产生偏航力矩 $M_y < 0$。

(4) 油门杆前推时油门加大，杆位移为正，反之为负。

近代飞机采用"主动控制"新技术，除上述舵面外，还增加一些新的操纵面。这些操纵面的极性应不违背上述原则，即操纵面的正偏转产生负的操纵力矩。

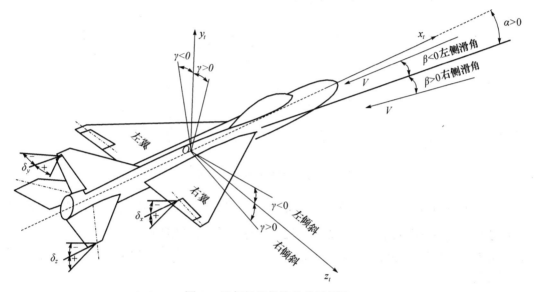

图 1-5　飞机操纵机构的偏转极性

1.3　飞机的气动力

1.3.1　飞机的升力

飞机的升力是指飞机相对于空气运动时，空气对飞机产生的作用力(称为空气动力，简称为气动力)在飞机速度坐标系 Oy_q 轴上的分量。

飞机的升力大小与飞机的气动外形有关。飞机的升力主要由机翼产生，此外，机身、平尾等也产生升力。

飞机升力的大小与飞机的运动参数、大气参数等有关。这些参数有飞机迎角 α、马赫数 M、空速 V、大气密度 ρ 等。

飞机的升力还与升降舵偏角 δ_z 有关。

在飞机升降舵偏角不变的情况下，在近似分析飞机的升力时，可以认为飞机的升力与飞机机翼的面积、动压成正比。飞机的升力可以用公式表示为

$$Y = C_y qS \tag{1-1}$$

式中　　　　Y——飞机升力；

　　　　　　C_y——升力系数；

$q = \dfrac{1}{2}\rho V^2$ ——飞机动压；

　　　　　　S——机翼面积。

升力系数 C_y 不仅与 α、δ_z 有关，而且与马赫数 M 有关，升力系数是 α、δ_z 和 M 的函数。如果 δ_z 和 M 不变，只考虑 α 变化，C_y 随 α 的变化规律可用图 1-6 的曲线表示。

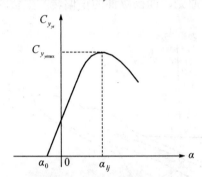

图 1-6　升力系数与迎角关系曲线

在一定范围内，升力随迎角增大而增大。当迎角达到某一值即 α_{lj} 时，升力最大；超过该迎角，升力反而减小。使升力达到最大的迎角称为临界迎角。

另外，当迎角为零时，升力不一定为零；原因在于一般的翼型不是对称的，上表面比下表面更突起。

在上述关于升力的介绍中，尚未涉及飞机姿态变化引起的升力，这部分升力为动态升力。它与飞机的角速度有关，作为力来看，数值不大，因而在此不作介绍。

1.3.2　飞机的阻力

阻力是指作用在飞机上的气动力合力在气流方向(速度坐标系 Ox_q 轴负方向)上的投影。阻力可分为两部分：一部分与升力无关，称为零升阻力；另一部分与升力有关，是由于升力而诱导产生的阻力，称为升致阻力。

1. 零升阻力

零升阻力包括空气与飞机机体之间的摩擦阻力、飞机底部回流区压差阻力和飞机超声速飞行时产生的激波阻力。这些阻力形成的根本原因在于气流与飞机之间存在相对运动。

2. 升致阻力

当亚声速气流流经具有一定迎角的机翼时，机翼上表面出现负压区，下表面出现高压区，若暂不考虑机翼前缘的流动情况，则可把所有的压力总和合成一个垂直于翼弦的法向力 Y_1，如图 1-7 所示。

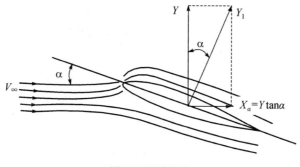

图 1-7 升致阻力

Y_1 沿速度轴系分解成升力 Y 和阻力 X_a，其中：

$$Y = Y_1 \cos \alpha \tag{1-2}$$

$$X_a = Y_1 \sin \alpha = Y \tan \alpha \tag{1-3}$$

如果飞机以超声速飞行，情况略有不同，在此不作介绍。

3. 操纵面的偏转引起的阻力

对于平尾而言，当升降舵偏转(或全动平尾整体偏转)时改变了平尾翼型(或迎角)，造成作用于平尾的气动合力倾斜，合力沿气流方向的投影为阻力。其他操纵面偏转时，也会产生阻力，但相比之下，它们的影响小得多。

1.4　飞机的纵向运动

飞机的纵向运动是指飞机在机体对称平面的运动，它包括飞机的线运动和角运动。飞机的线运动(飞行轨迹)一般是靠控制飞机的角运动来实现的。如操纵飞机爬升，一般是通过操纵升降舵偏转，使飞机产生一个抬头力矩，使飞机俯仰角增加，飞机的飞行轨迹向上偏转。因此，在研究飞机的纵向运动时，我们只讨论飞机在俯仰力矩作用下发生的绕机体轴 Oz_t 的运动，即俯仰运动。

飞机在纵向运动中受到的作用力包括重力、发动机推力、升力和阻力。由于重力通过质心，因而重力不会引起俯仰力矩。阻力作用线一般很接近于飞机质心，在大多数讨论中可忽略阻力对俯仰力矩的影响。发动机的推力对飞机的俯仰力矩有无影响取决于发动机的安装方式。一般发动机推力作用线与质心距离较近，所以它对俯仰力矩的影响不大。而对于歼、强机而言，由于发动机是装入机身的，发动机推力作用线与质心距离几乎接近于零，此时，可以忽略发动机推力对俯仰力矩的影响。因此，大多数情况下，可以认为俯仰力矩主要由升力引起。

1.4.1　定常水平直线飞行

定常水平直线飞行是指飞行速度矢量所在的铅垂面与飞机的纵向对称平面 Ox_ty_t 重合，飞行轨迹是一直线，航迹上各点的速度始终不变的一种飞行状态。在这种状态下可以认为飞机的迎角 α 保持不变，飞机的升降舵偏角保持不变。

在此种飞行状态下，飞机的升力可以写成

$$-Y = Y_0 + Y^\alpha \cdot \alpha + Y^{\delta_z} \cdot \delta_z \qquad (1\text{-}4)$$

式中　　Y_0——迎角 $\alpha = 0$ 时的升力；

　　　　Y^α——升力相对于迎角为 α 的变化率；

　　　　Y^{δ_z}——升力相对于升降舵(或全动平尾)偏角 δ_z 的变化率。

俯仰力矩 M_z 可类似地写成

$$M_z = M_{z0} + m_z^\alpha \cdot \alpha + m_z^{\delta_z} \cdot \delta_z \qquad (1\text{-}5)$$

式中　　M_{z0}——迎角 $\alpha = 0$ 时的俯仰力矩；

　　　　m_z^α——俯仰力矩相对于迎角 α 的变比率，称为力矩系数导数；

　　　　$m_z^{\delta_z}$——俯仰力矩相对于升降舵偏转角 δ_z 的变比率，称为力矩系数导数。

导数 m_z^α 和 $m_z^{\delta_z}$ 主要取决于飞机外形、马赫数以及质心位置。以迎角 α 为横坐标，以 δ_z 为参量，将 $m_z \sim \alpha$ 画成一族曲线，如图 1-8 所示。

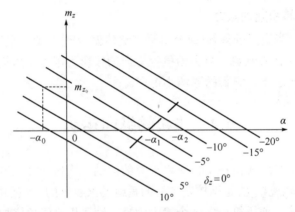

图 1-8　俯仰力矩图线族

从图 1-8 可以看出，当迎角不大时，$m_z \sim \alpha$ 曲线是一族随升降舵偏转角 δ_z 不同而相互平行的直线。力矩平衡点($m_z = 0$)处的斜率 m_z^α 为一常数。两直线之间的距离表示 $m_z^{\delta_z}$ 的大小，实际上表明了升降舵的操纵效能。

1.4.2　纵向静稳定性

1. 纵向静稳定性的概念

飞机在作定常水平直线飞行过程中，如果受到阵风扰动，或飞行员的偶然动作等，都可能使飞机的平衡飞行状态遭到破坏，这种情况下飞机是否具有自动恢复到原平衡状态的能力是个很重要的问题。以我们已有的知识看来，这是一个飞机稳定性的问题。

如果飞机在外界瞬时扰动作用停止后，不经飞行员的干预，飞机具有自动恢复到原来纵向平衡飞行状态的趋势，则称飞机具有纵向静稳定性，是纵向静稳定的；否则称飞机不具有纵向静稳定性，是纵向静不稳定的。

定常直线飞行时的平衡，实际上是指作用在飞机上的俯仰力矩为零，即 $M_z = 0$ (或

$m_z = 0$)。在这种情况下，俯仰力矩主要受马赫数 M、迎角 α 及升降舵偏转角 δ_z 的影响，而扰动作用在飞机上首先表现出来的作用效果是飞机迎角的变化。因此，飞机是否具有纵向静稳定性可以用如图 1-9 所示的俯仰力矩随迎角 α 的变化特性来表示。图表明了俯仰力矩(以系数 m_z 表示)与迎角的三种关系曲线，其中 α_{ph} 为平衡迎角。

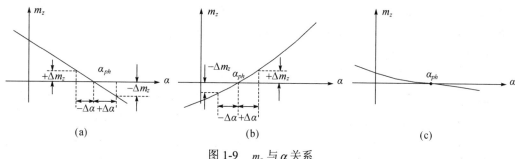

图 1-9 m_z 与 α 关系

由图 1-9(a)看出，如果飞机原来在迎角 α_{ph} 下平衡飞行，由于 α_{ph} 处的俯仰力矩曲线斜率为负，当外来扰动迫使其偏离平衡迎角 α_{ph} 时，一旦外来扰动消失，在飞机上总会有一个力图恢复其原来迎角 α_{ph} 的恢复力矩。从图上看，当迎角减少 $\Delta \alpha$ 时，俯仰力矩将增加 ΔM_z，且 $\Delta M_z > 0$，此时的飞机在 ΔM_z 作用下有恢复到 α_{ph} 的趋势；当迎角增大 $\Delta \alpha$ 时，引起的俯仰力矩增量 $\Delta M_z < 0$，同样有恢复到 α_{ph} 的趋势。这就是说，在 $m_z^\alpha < 0$ 时，当迫使飞机偏离其平衡迎角的扰动去掉后，飞机有能力自动恢复到原来的平衡迎角。

如图 1-9(b)所示，当 $m_z^\alpha > 0$ 时，扰动产生正的迎角增量 $\Delta \alpha$ 时，俯仰力矩增量亦为正，该力矩增量将造成迎角变得更大。飞机只可能离原来的平衡状态越来越远。

而从图 1-9(c)看，当在一定的迎角变化范围内 $m_z^\alpha = 0$ 时，扰动造成迎角变化，而俯仰力矩不变，因此飞机可以处在新的平衡迎角上。

综上所述，飞机的纵向静稳定性取决于气动导数 m_z^α 的极性和大小。当 $m_z^\alpha < 0$ 时，飞机具有在扰动取消后恢复其原始平衡迎角的趋势，称飞机具有纵向静稳定性。反之，当 $m_z^\alpha > 0$，则称其不具有纵向静稳定性。而 $m_z^\alpha = 0$ 是一种中立稳定情况，实际上此种情况下飞机也不具有纵向静稳定性。

这种分析结果正好符合自动控制理论中关于稳定性的分析结果。

2. 纵向静稳定性飞机焦点和质心的关系

飞机的空气动力增量焦点，简称焦点。它的定义是：由于迎角增量 $\Delta \alpha$ 引起升力增量 ΔY 的作用点。这一点通常用字母 F 表示。

飞机的焦点位置通常由风洞试验测定。飞机的焦点是一个特殊的点。当飞机迎角变化时，对焦点来说，是气动力变化，而相对焦点的力矩不变，换句话说，焦点是气动力增量作用点。

应该注意，飞机的焦点与飞机的压力中心是两个不同的概念。前者是迎角变化时飞机升力增量的作用点，在飞行速度一定的情况下，其位置基本不随迎角改变而移动；后者则为飞机总升力的作用点。

当焦点在质心之后时，飞机具有纵向静稳定性。从物理概念上讲，由于焦点是迎角引起的升力增量的作用点，因此，如果飞机焦点位于质心之后，则当飞机受到扰动而使迎角增加时，飞机的升力增量将对质心形成一个下俯力矩，使飞机具有恢复到原来迎角的趋势。即飞机具有纵向静稳定性。

需要说明的是，飞机的焦点是随飞行马赫数而变化的。当飞机飞行的速度较低时，一般来讲，飞机的焦点位置变化不大。但是，当飞机速度增加，达到或超过声速时，飞机的焦点急剧后移，这对飞机某些飞行特性将产生严重的影响。

由此，可以得出如下结论：

(1) 要使飞机具有纵向静稳定性，飞机焦点必须在质心之后。

(2) 当飞机质心与飞机焦点重合时，飞机具有中立稳定，所以飞机焦点也称为飞机中立质心。飞机中立稳定一般也是"不许可"的，因为它是属于静不稳定的。

(3) 飞机在空中飞行时，飞机质心位置是有移动的，这是由于燃料和炮弹的消耗、起落架和襟翼的收放等引起的。因此，在设计飞机时，根据各种情况，计算出飞机的"质心前使用极限"和"质心后使用极限"，而飞机的焦点必须落在飞机的"质心后使用极限"之后，才能保证飞机在任何飞行情况下都具有纵向静稳定性。

1.4.3　纵向运动的典型模态

1. 短周期运动模态

飞机原处于基准运动状态，即受力平衡状态。当受到扰动时，飞机的纵向力矩平衡遭到破坏。如果飞机迎角 α_0 变大($\alpha_0 + \Delta\alpha$)，升力 Y_0 也变大($Y_0 + \Delta Y$)，同时出现不平衡的附加的纵向力矩，使飞机绕其质心向低头方向转动。由于升力增大，飞机同时作上升运动。这就是说，飞机一方面上升，又一方面作低头转动。当迎角达到 α_0 时，飞机又处于受力平衡状态。但是，由于飞机转动惯性，飞机要继续低头转动，使迎角由 α_0 变小($\alpha_0 - \Delta\alpha$)，升力也将变小($Y_0 - \Delta Y$)，飞机作下降运动。同时出现的纵向力矩为抬头力矩，因此，这时飞机一方面下沉，另一方面抬头转动。这样，飞机就绕 Oz_t 轴上下摆动。一般飞机都具有足够大的纵向静稳定性，超声速飞行时更大，这就使飞机摆动快而周期短。一般飞机又具有较大的纵向阻力矩，故收敛很快。

2. 长周期运动模态

当飞机受扰动之后，除因力矩不平衡而出现角加速度和角速度之外，还因为力的平衡同时受到破坏而出现线加速度运动，使飞行航迹和飞行速度发生变化。这种运动在力矩接近平衡后，即在短周期振荡消失之后，一般仍要持续相当长的时间，即为长周期运动模态。其物理成因是这样的：开始，由于飞机的惯性作用使飞机的飞行速度改变不大，因而，线加速度的数值不大。随着时间的增加，飞行速度逐渐减小，当迎角不变时，升力也逐渐减小，飞机将出现不大的向下法向加速度，航迹便和缓地下弯。此时俯仰角减小，$\Delta\theta < 0$，$\Delta\dot\theta < 0$。就在航迹向下弯曲时，重力在航迹切线方向上的投影又使速度增加，相应的升力也逐渐增加。当增加到升力大于重力时，便产生不大的向上法向加速度，航迹又和缓地向上弯曲。此时虽然俯仰角 $\Delta\theta < 0$，但有增加的趋势，即 $\Delta\dot\theta > 0$。当飞机的飞行速度达到最大值时，飞机开始上升，重力的分量使飞机减速，从而升力又开始逐渐减小，航迹又向下弯。如此反复，形成 ΔV 和 $\Delta \vartheta$ 的长周期振荡。从上面的分析来看，似乎是 ΔV 和 $\Delta \vartheta$ 的振荡，因为 $\Delta \vartheta = \Delta \theta + \Delta \alpha$，而 $\Delta \alpha$ 在扰动开始后的几秒之内已趋于零了，所以在以后的长周期的振荡中 $\Delta \vartheta = \Delta \theta$。

长周期振荡的阻尼很小，而且可正可负，故长周期模态可能是收敛的，也可能是发散的。由于长周期模态中飞机的航迹倾斜角 θ 作周期性的变化，飞机时升时降，形成如图 1-10 中的航迹，故又称为沉浮模态。

长周期模态的周期一般很长，有时可达 7min～8min，因此对有人驾驶的飞机来说，即使长周期模态是发散的，驾驶员仍有时间加以纠正。而短周期模态发生、发展迅速，驾驶员很难控制，因此短周期模态是关注的重点。

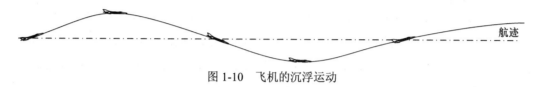

图 1-10　飞机的沉浮运动

1.5　飞机的侧向运动

飞机的侧向运动是指飞机的非对称面内的运动，包括侧向移动、偏航运动和滚转运动。

1.5.1　侧向运动的静稳定性

侧向运动包括滚转、偏航和侧向偏移等运动。操纵面是方向舵和副翼(作为飞机环节的两个输入量)。滚转运动与偏航运动紧密地交联在一起，侧向运动问题是多变量(多输入多输出)系统的问题，但为弄清物理本质，仍简化为单变量问题。

侧向运动的静稳定性包括横向静稳定性和航向静稳定性。

1. 横向静稳定性

假设飞机在空中受到扰动，产生左滚转，如图 1-11 所示。

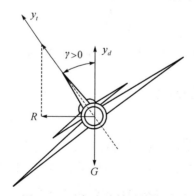

图 1-11　飞机左滚转时的情形

此时，升力 Y 倾斜，并与重力 G 合成侧向力 R。在 R 的作用下，飞机将左侧滑，形

成侧滑角 $\beta(\beta<0)$。由于 β 的出现，使飞机左、右两侧的气动力不平衡，因而会产生滚转力矩 $M_x(\beta)$，如果 $M_x(\beta)<0$，则负的侧滑角(左侧滑角)将引起正的滚转力矩(右滚转力矩)，该力矩有自动消除 γ 的趋势。反之，若 $M_x(\beta)>0$，则负的侧滑角将引起负的滚转力矩(左滚转力矩)，这会导致滚转角 γ 的进一步增大。因此， $M_x(\beta)<0$，则称飞机具有横向静稳定性。

后掠角对横向静稳定是有利的。当扰动 γ 使得左侧滑产生时 $(\beta<0)$，飞机将因后掠角而形成右滚转力矩，有助于消除 γ。而下反角在这种情况下将造成左滚转力矩，这是不利于横向静稳定的。所以，对直机翼而言，为保证横向静稳定性，应采用上反角，而后掠翼飞机才有可能采用下反角。

2. 航向静稳定性

设飞机在飞行中受到侧向扰动，产生侧滑角 β，并设 $\beta>0$ (右侧滑角)，如图 1-12 所示。如果 $M_y(\beta)<0$，则正的 β 将引起右偏航力矩，该力矩使机头向右偏，从而有减少 β 的趋势。这表明，在这种情况下，飞机具有消除干扰引起的侧滑角的能力，我们称飞机具有航向静稳定性。不过，需要说明的是，这里所指的航向静稳定性并不意味着飞机在 $M_y(\beta)$ 作用下能够回到原来的航向上来， $M_y(\beta)$ 的作用仅仅有使飞机对称面转向与飞机速度向量方向一致的趋势。

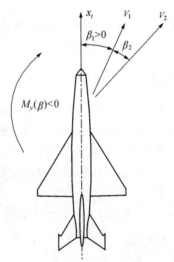

图 1-12　侧滑角对航向静稳定性的影响

1.5.2　侧向运动的典型模态

1. 滚转模态

一般来说，在扰动的初瞬，飞机的滚转角速度和滚转角迅速变化，而其他参数如侧滑角、偏航角则变化很小，这主要是由于滚转的转动惯量比偏航转动惯量小得多。因此，飞机侧向受扰后，首先表现出来的必然是滚转角速度和滚转角的迅速变化，如图 1-13 所示。另一方面，当飞机发生滚转运动时，机翼、平尾、垂尾等都能因 ω_x 而产生较大的阻尼力矩 $M_x(\omega)$，因此，滚转运动衰减得很快。从图中可看出，滚转角 γ 每振荡一次，其峰—峰值要衰减一半以上，其衰减速度远大于侧滑角 β 和偏航角 φ 的衰减速度。我们称这种模态为滚转模态。一般来讲，飞机侧向受扰初期，滚转模态特征比较明显，飞机表现出来的是快速衰减的滚转运动。

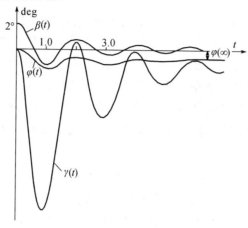

图 1-13　飞机的响应曲线

2. 螺旋模态

扰动运动的后期，往往首先表现为偏航角，其次是滚转角的单调而缓慢的变化。

在扰动运动后期，如果飞机仍有小的正侧滑角，则将产生两个力矩 $M_y(\beta)$ 和 $M_x(\beta)$。由于 $M_y(\beta) > M_x(\beta)$，力矩 $M_y(\beta)$ 对飞机起主要作用，使机头向右偏转以减小 β 角。在机头向右偏($\omega_y < 0$)的过程中，将产生交叉力矩 $M_x(\omega_y) > 0$，使飞机向右滚转，而这时 $M_x(\beta)$ 使飞机向左滚转，因 $M_x(\beta)$ 较小，$M_x(\beta) < M_x(\omega_y)$，结果飞机向右滚转。飞机缓慢地向右滚转时，速度向量也缓慢地向右偏转，β 角将保留一个很小的值，飞机将继续缓慢地向右偏航。于是飞机在缓慢右偏的同时缓慢地向右滚转。飞机滚转后，升力在垂直方向的分量小于飞机的重力，飞行高度也将缓慢地下降，飞机最终沿着螺旋下降的轨迹运动，运动轨迹如图 1-14 所示，这种运动模态称为螺旋模态。

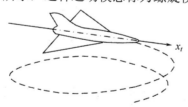

图 1-14　飞机螺旋运动示意图

若 $M_y(\beta)$ 很大，进入螺旋运动后驾驶员又不采取措施，则上述过程会继续发展，飞机倾斜越来越厉害，向心力加大，盘旋角速度越来越大，而盘旋半径越来越小，飞机最终将坠入尾旋，这就是螺旋不稳定过程。

3. 荷兰滚模态

滚转阻尼运动基本结束后，滚转角、偏航角和侧滑角随时间周期性地变化。

如果 $M_x(\beta)$ 远大于 $M_y(\beta)$，就会比较突出地表现出荷兰滚运动。若飞机受侧向扰动而向右倾斜，则升力 Y 的向心力分量 $Y\sin\gamma$ 指向飞机右侧，使飞行速度 V 转向飞机右侧，从而形成右侧滑($\beta>0$)。侧滑角主要产生 $M_x(\beta)$ 和 $M_y(\beta)$ 两个力矩。由前知 $M_x(\beta)<0$、$M_y(\beta)<0$，右侧滑的情况($\beta>0$)引起负的横向稳定力矩，使飞机向左滚转，减小滚转角 γ。与此同时，右侧滑引起负的航向稳定力矩使飞机向右偏转减小侧滑角。由于 $M_x(\beta)$ 远大于 $M_y(\beta)$，向左滚转的力矩大于向右偏航的力矩。这样，当 γ 角回到零时，机头偏转不大，仍存在 β 角，滚转力矩 $M_x(\beta)$ 使飞机继续向左滚转，飞机左侧斜 $\gamma<0$。这时，向心力 $Y\sin\gamma$ 指向飞机左侧，速度向量又转向左侧，形成左侧滑。应补充说明的，当前面飞机右侧滑时，机头向右偏转($(\omega_y)<0$)，因存在交叉力矩 $M_x(\omega_y)>0$ 使飞机向右滚转，恰与 $M_y(\beta)$ 的作用相反。由于 $M_y(\beta)>M_x(\omega_y)$，飞机仍向左滚转。荷兰滚运动轨迹如图 1-15 所示。

综上所述，飞机右倾斜引起右侧滑，形成左滚转和右偏航；进而形成左倾斜引起左侧滑，又形成右滚转和左偏航，进而又形成右倾斜引起右侧滑，周而复始。这就使得飞行航迹呈弯曲的 S 形。这种运动方式与荷兰人滑冰时的动作相仿，故称为荷兰滚。

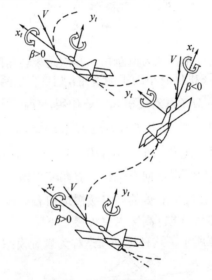

图 1-15　荷兰滚运动

4. 航向随遇平衡模态

偏航角随时间增长而趋于一稳态值。这表明飞机侧向受到扰动后航向一般不可能恢复到扰动前的位置。如果受扰运动是稳定的，则航向保持在与扰动对应的位置。飞机的这种特性自然与其航向静稳定性(严格地说是风标静稳定性)有关。事实上，在无风条件下，飞机的航向无论变化到什么位置都不会破坏力矩的平衡。该模态称为航向随遇平衡模态。

综上所述，侧向运动中由于滚转运动与偏航运动的交联，其运动特性要比纵向复杂得多。飞机的侧向受扰运动中哪一种模态表现得比较明显取决于飞机的飞行状态及气动特性。在四个模态中对飞行性能影响最大的是荷兰滚模态。当荷兰滚模态不稳定时，飞机以逐渐增大的振幅迅速地左右摇晃并摆头，飞行员对这种摇摆很难控制，以致影响飞行任务的完成和飞行安全。为了改善荷兰滚模态，有时不得不牺牲一些螺旋模态的性能。

14

滚转模态衰减较快，一般总是稳定的。螺旋模态参数变化非常缓慢，即使不稳定，只要发散不太快，一般也是允许的，只要驾驶员干预就可避免进入尾旋，因此对螺旋模态的要求较低。

复习思考题

1. 飞机的俯仰角 ϑ、偏航角 ϕ、滚转角 γ 是如何定义的？其正负是如何规定的？

2. 飞机的迎角 α、侧滑角 β 是如何定义的？其正负是如何规定的？

3. 飞机的航迹倾斜角 θ、航迹偏转角 ϕ_s、航迹滚转角 γ_s 是如何定义的？其正负是如何规定的？

4. 说明飞机各个气动操纵舵面的偏转极性及其与操纵力矩的关系。

5. 飞机的升力由哪几部分组成？飞机的升力与哪些因素有关？

6. 飞机的阻力包括哪几部分？简述阻力产生的原因。

7. 什么是飞机的纵向静稳定性？

8. 什么是飞机的气动焦点？气动焦点与飞机质心的位置关系是如何影响飞机的纵向稳定性的？

9. 说明飞机纵向运动模态中长周期模态和短周期模态的特点及其对飞机操纵性的影响。

10. 什么是横向静稳定性和航向静稳定性？

11. 说明滚转模态、螺旋模态、荷兰滚模态的特点及其对飞机操纵性的影响。

第2章 人工飞行控制系统

自动飞行控制系统可以自动稳定或控制飞机的姿态和轨迹，在执行任务的过程中不需要人的参与。但是对于大部分飞机来说，完全由自动飞行控制系统控制飞机来完成既定的飞行任务，只是整个飞行过程中的一部分。在飞机的整个飞行过程中，很多的操纵都需要人来完成。在飞行员操纵飞机的同时，有一种飞行控制系统也一直在工作，这就是人工飞行控制系统。也就是说人工飞行控制系统工作时，飞机舵面的偏转角度一方面由飞行员通过操纵机构(驾驶杆、脚蹬)来控制，另一方面通过人工飞行控制系统来控制，是人工操纵的舵偏角与飞行控制系统控制的舵偏角之和。

人工飞行控制系统包括阻尼器、增稳系统和控制增稳系统。

2.1 阻尼器

由自动控制理论可知，为了改善飞机角运动的阻尼特性，直接引入姿态角的变化率，形成反馈回路就可以调节飞机角运动的阻尼比，从而改善飞机的运动品质。由于飞机的姿态运动可以分解为绕三个机体轴的角运动，因此以姿态角变化率为被控变量的阻尼器也相应地有俯仰阻尼器、滚转阻尼器和偏航阻尼器。阻尼器与飞机组成一个闭环系统，这种系统叫飞机—阻尼系统，或简称阻尼系统。

飞机—阻尼器系统的方框图，如图 2-1 所示。角速度陀螺用来感受飞机角运动的角速度的大小，并将角速度信号转换成电信号，作为舵机输出的控制量。角速度陀螺可分为俯仰角速度陀螺、滚转角速度陀螺和偏航角速度陀螺，分别用在俯仰阻尼器、滚转阻尼器和偏航阻尼器上。

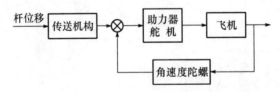

图 2-1　飞机—阻尼器系统的方框图

2.1.1 俯仰阻尼器

俯仰阻尼器(Pitch Damper)的主要作用是用来改善飞机的纵向短周期运动的阻尼特性。

下面举例来说明俯仰阻尼器的工作原理。某自动驾驶仪的舵机与操纵系统并联连接，其俯仰阻尼器的控制原理方框图如图 2-2 所示。图中 W_z 为驾驶杆的前后位移；K_z^p 为驾驶杆到升降舵舵偏角之间的传递系数；K_{ω_z} 为将俯仰角速度信号转换成舵偏角的比例系数；$G_z(s)$ 为俯仰通道舵偏角到俯仰角速度的传递函数。

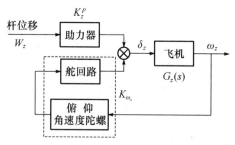

图 2-2 飞机—俯仰阻尼器系统的方框图

在飞机的运动中，由于正的升降舵偏角 δ_z 将产生负的俯仰力矩，因此，图 2-2 所示的系统是一个负反馈的系统。

在飞行员不操纵飞机时，俯仰阻尼器的控制律(比例式控制律)为

$$\delta_z = K_{\omega_z}\omega_z \tag{2-1}$$

在飞行员操纵飞机时，飞机的舵面运动包括两部分：一部分是飞行员操纵驾驶杆前后运动引起的升降舵面偏转，另一部分是由于俯仰阻尼器的控制产生的升降舵面偏转。其控制律可以表示为

$$\delta_z = K_{\omega_z}\omega_z + K_z^p W_z \tag{2-2}$$

式中　W_z——驾驶杆前后运动的位移。

下面看俯仰阻尼器是如何稳定飞机俯仰角的。飞机匀速水平直线飞行时，飞机的俯仰角保持不变，俯仰角速度 $\omega_z=0$。当飞机受到扰动时，如果飞机的俯仰角发生变化，俯仰角速度 $\omega_z \neq 0$，不妨假设 $\omega_z>0$。此时俯仰阻尼器使升降舵产生舵偏角 $\delta_z = K_{\omega_z}\omega_z >0$，其结果是使飞机产生一个负的俯仰力矩(低头力矩)，抑制飞机的俯仰角速度的增大。同样道理，当飞机受到扰动，俯仰角速度 $\omega_z<0$ 时，俯仰阻尼器抑制飞机的俯仰角速度的减小。最终的结果是：俯仰阻尼器增大了飞机俯仰角运动的阻尼。

采用式(2-1)的俯仰阻尼器，有几个问题需要特别指出并加以说明：

(1) 当飞机进行水平转弯飞行时，俯仰阻尼器产生附加舵偏角问题。

当飞机做稳定的水平盘旋或转弯飞行时，$\dot{\varphi} \neq 0$，飞机绕机体轴 Oz_t 运动存在着俯仰角速度增量，$\omega_z = \dot{\vartheta}\cos\gamma + \dot{\varphi}\cos\vartheta\sin\gamma \neq 0$，角速度陀螺将感受到这个俯仰角速度增量，并依据控制律式(2-1)使阻尼器产生附加舵偏角，从而阻碍飞机的盘旋或转弯，影响了飞机的操纵性。

因为水平转弯时所产生的俯仰角速度信号是一种低频信号，我们可以在控制律中加入清洗网络(高通滤波器)滤掉速率陀螺输出的稳态分量，就可以使稳定水平盘旋或转弯时所产生的俯仰角速度值不会影响阻尼器工作，引入清洗网络式(2-1)、式(2-2)变为

$$\delta_z = K_{\omega_z}\frac{\tau s}{\tau s+1}\omega_z \tag{2-3}$$

$$\delta_z = K_{\omega_z}\frac{\tau s}{\tau s+1}\omega_z + K_z^p W_z \tag{2-4}$$

式中 $\dfrac{\tau s}{\tau s+1}$ 为清洗网络的传递函数，τ 一般取 0.1 左右。

(2) 增益 K_{ω_z} 的调节问题。

飞机的短周期运动的固有频率和阻尼比将随动压的变化而变化，动压越大，阻尼比越小、固有频率越小。而作为俯仰阻尼器的增益 K_{ω_z}，如果设计成常值，对于大飞行包线情况下改善飞机阻尼特性的效果显然不会很理想。为了加大飞机高空高速飞行时的阻尼，K_{ω_z} 应设计成随飞机飞行使动压 q 的增加而增加。K_{ω_z} 随动压 q 变化的曲线见图 2-3。

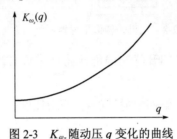

图 2-3　K_{ω_z} 随动压 q 变化的曲线

2.1.2　滚转阻尼器

滚转阻尼器(Roll Damper)的主要作用是改善飞机的滚转阻尼特性。

在飞行员不操纵飞机时，滚转阻尼器的控制律(比例式控制律)为

$$\delta_x = K_{\omega_x}\omega_x \tag{2-5}$$

式中　δ_x——副翼舵偏角；

ω_x——飞机滚转角速度；

K_{ω_x}——滚转通道比例控制律的比例系数。

在飞行员操纵飞机时，飞机的副翼舵面运动包括两部分：一部分是飞行员操纵驾驶杆左右运动引起的副翼舵面偏转，另一部分是由于滚转阻尼器的控制产生的副翼舵面偏转。其控制律可以表示为

$$\delta_x = K_{\omega_x}\omega_x + K_x^p W_x \tag{2-6}$$

式中　K_x^p——驾驶杆左右位移到副翼舵偏角之间的传递系数；

W_x——驾驶杆左右运动的位移。

滚转阻尼器稳定飞机滚转角的原理与俯仰阻尼器的工作原理类似。

2.1.3　偏航阻尼器

偏航阻尼器(Yaw Damper)的主要作用是改善飞机的荷兰滚振荡特性。

虽然依靠修改飞机的气动外形，例如加大垂尾面积等设计手段，也可以改善荷兰滚的阻尼，但是这样将使飞机的阻力和结构重量大大增加，且加剧了飞机对侧风的反应，降低了飞机的整体性能。因此，在航向飞行操纵系统中加入偏航阻尼器，是改善飞机荷兰滚振荡阻尼特性的一种行之有效的方法。

在航向通道，飞行员不操纵飞机时，滚转阻尼器的控制律(比例式控制律)为

$$\delta_y = K_{\omega_y}\omega_y \qquad (2\text{-}7)$$

式中　δ_y——方向舵偏角；

　　　ω_y——飞机偏航角速度；

　　　K_{ω_y}——航向通道比例控制律的比例系数。

在航向通道，飞行员操纵飞机(脚蹬运动)时，滚转阻尼器的控制律(比例式控制律)为

$$\delta_y = K_{\omega_y}\omega_y + K_y^p W_y \qquad (2\text{-}8)$$

式中　K_y^p——脚蹬位移到方向舵舵偏角之间的传递系数；

　　　W_y——脚蹬运动的位移。

2.2　增稳系统

前面讨论了采用阻尼器提高飞机阻尼比的方法和原理，但是，阻尼器对飞机固有频率的影响不大。增稳系统(Stability Augmentation Systems)可以提高飞机动稳定性和静稳定性，增稳系统的性能要优于阻尼器，因此被广泛地应用于高性能战斗机。增稳系统包括俯仰增稳系统、航向增稳系统和横侧增稳系统。

2.2.1　俯仰增稳系统

1. 引用迎角信号的俯仰增稳系统

引用迎角信号的俯仰增稳系统原理图如图 2-4 所示。图中 W_z 为驾驶杆的前后位移；K_z^p 为驾驶杆到升降舵舵偏角之间的传递系数；K_z^α 为将迎角增量信号转换成舵偏角的比例系数；δ_z 为升降舵舵偏角。其控制律可以表示为

$$\delta_z = K_z^\alpha \Delta\alpha + K_z^p W_z \qquad (2\text{-}9)$$

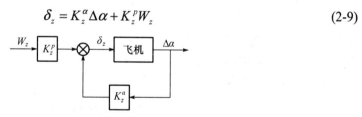

图 2-4　引用迎角信号的俯仰增稳系统原理图

如果 $W_z > 0$，即驾驶杆前推，驾驶员操纵飞机升降舵运动，舵偏角 $\delta_z = K_z^p W_z > 0$；飞机将产生一个负的俯仰力矩，使飞机的迎角增量 $\Delta\alpha$ 减小，直至 $\Delta\alpha < 0$；迎角减小的结果是产生一个升降舵偏角反馈量 $K_z^\alpha \Delta\alpha < 0$，使升降舵偏角减小为 $\delta_z = K_z^\alpha \Delta\alpha + K_z^p W_z$ $(< K_z^p W_z)$，从而使飞机的迎角增量 $\Delta\alpha$ 增加。因此，图 2-4 是一个负反馈系统。根据自动控制原理，由图 2-4 可知，在飞机的纵向通道，用驾驶杆指令控制飞机俯仰时，可以获得与杆位移成比例的稳态迎角增量。只要反馈系数 K_z^α 选取合适，就可以获得较好的快速性，即可以提高飞机响应的固有频率。

2. 引用过载信号的俯仰增稳系统

可以证明，法向过载增量 Δn_y 与迎角增量 $\Delta\alpha$ 近似成正比关系，因此，引用过载信号

可以取代迎角信号构成俯仰增稳系统。引用过载信号的俯仰增稳系统原理图如图 2-5 所示。$K_z^{n_y}$ 是将法向过载增量信号转换成舵偏角的比例系数。

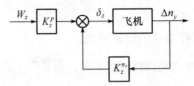

图 2-5　引用法向过载信号的俯仰增稳系统原理图

其控制律可以表示为

$$\delta_z = K_z^{n_y} \Delta n_y + K_z^p W_z \tag{2-10}$$

这里需要说明的是：引用迎角信号和法向过载信号，只要合理选择 K_z^α 和 $K_z^{n_y}$，都能改善静稳定性，提高飞机响应的频率。但是仅仅引用迎角信号和法向过载信号，不仅不能增大飞机的阻尼，甚至使飞机的阻尼特性变坏，即"固有频率与阻尼比不能兼容"。

3．纵向比例式增稳系统

为了解决固有频率与阻尼比不能兼顾的缺点，必须在控制律中包含迎角(法向过载)和俯仰角速度两种信号，这里给出两种典型的比例式控制律

$$\delta_z = K_{\omega_z} \omega_z + K_z^\alpha \Delta \alpha + K_z^p W_z \tag{2-11}$$

$$\delta_z = K_{\omega_z} \omega_z + K_z^{n_y} \Delta n_y + K_z^p W_z \tag{2-12}$$

式(2-11)为具有迎角反馈的纵向比例式增稳控制律；式(2-12)为具有法向过载反馈的纵向比例式增稳控制律。只要比例参数 K_z^α，K_{ω_z} (或 $K_z^{n_y}$，K_{ω_z})选取适当，即可使系统的固有频率和阻尼比满足要求。

4．航向增稳系统

现代超声速战斗机一般具有细长机身、小面积垂尾的气动外形，使得航向静稳定性不足，经常处于侧滑状态。因此，容易造成乘坐品质较差，机动敏捷性下降，不利于空战的占位、瞄准和武器准确投放。

在航向通道，如果引入侧滑角反馈，即

$$\delta_y = K_y^\beta \Delta \beta + K_y^p W_y \tag{2-13}$$

式中　　K_y^β ——$\Delta \beta$ 到方向舵的传动比。

当驾驶员操纵方向舵使 $W_y > 0$，此时方向舵正偏转，$\delta_y > 0$；飞机产生一个负的偏航力矩，使飞机右偏航，同时产生左侧滑，即 $\Delta \beta < 0$；引入侧滑角反馈后，方向舵偏角将产生一个附加舵偏角 $K_y^\beta \Delta \beta < 0$，从而产生一个附加的左偏航力矩，使侧滑角减小。因此，侧滑角的引入，增大了航向静稳定力矩，增加了航向静稳定性。

典型的航向增稳系统的控制律为

$$\delta_y = K_{\omega_y} \omega_y + K_y^\beta \Delta \beta + K_y^p W_y \tag{2-14}$$

同时引入航向角速度反馈和侧滑角反馈，既可以提高荷兰滚阻尼，又可以增加航向静稳定性。

20

2.2.2　横侧增稳系统

由于滚转和偏航的耦合关系，因而产生了横侧增稳系统。下面以歼-8飞机的横侧增稳系统为例，简要介绍横侧增稳系统的特点。

歼-8飞机横侧增稳系统的控制律为：

$$\delta_x = K_{\omega_x}\omega_x + K_x^p W_x \tag{2-15}$$

$$\delta_y = \left\{\frac{\tau s}{\tau s + 1}\left[K_{\omega_y}\omega_y - K_y^{\delta_x}\delta_x\right] - K_y^{n_z}n_z\right\}\frac{1}{(Ts+1)^2} + K_y^p W_y \tag{2-16}$$

式中　τ、T——高通滤波器和低通滤波器的时间常数，τ=3s，T=0.033s；

　　　$K_y^{\delta_x}$——副翼偏角到方向舵偏角的传动比；

　　　$K_y^{n_z}$——侧向过载到方向舵偏角的传动比。

分析横侧增稳系统的控制律表达式(2-15)和(2-16)，有下列特点：

(1) 在方向舵的控制律中引入偏航角速度反馈，增大了荷兰滚的阻尼比，实现了偏航阻尼器的功能，从而改善了高空飞行时的航向阻尼和荷兰滚阻尼特性。

(2) 倾斜通道也引入了角速度反馈，主要作用是增大倾斜的动态阻尼，降低飞机的滚摆比。

(3) 在航向通道引入副翼交联信号，用以消除操纵副翼使飞机横滚时产生的不利侧滑角，使操纵副翼时具有自动协调转弯的作用。所谓协调转弯，是指飞机在转弯时不产生侧滑，并能保持飞行高度不变的一种机动飞行状态。

(4) 在航向通道引入侧向载荷因数信号，使方向舵按侧向载荷因数相反的极性成比例偏转，以提高飞机航向静稳定性，同时也可减小飞机转弯过程中的侧滑角。

(5) 航向通道各信号的高通滤波问题。当飞机作稳态转弯时，偏航角速度信号将引起一个恒定的方向舵偏转角，产生附加阻尼力矩，阻止飞机转弯，这样在飞机转弯过程中会引起较大的侧滑，降低飞机的机动性。所以控制规律中引入高通滤波器，它允许 $\omega>1/\tau$ 荷兰滚振动频率信号通过，不允许低于此频率的机动转弯信号通过，从而提高飞机的机动性。

在飞行中，由于某些原因会造成飞机横向不平衡，飞行员需要操纵副翼平衡飞机，这时副翼交联信号将使方向舵偏转，造成不希望的飞机偏航。因此在控制规律中，副翼交联信号也经过高通滤波器，阻止常值或低频信号通过，从而消除副翼平衡飞机时出现的不必要的方向舵偏转。

(6) 航向通道各信号的低通滤波问题。由于方向舵操纵系统后段(助力器到舵面)的固有频率较低，飞机在高空飞行时方向舵有时发生自振现象，若这种振动被敏感元件感受而引入航向通道，再加上舵回路的惯性因素，则可能加剧并持续这种振荡。因此，航向通道的各信号都经过低通滤波器，滤除 $\omega>1/T$ 的高频信号。

需要指出的是增稳系统中，不管是角速度反馈、迎角反馈、过载反馈还是侧滑角反馈，都削弱了操纵系统到舵偏角的效能，相当于减小了操纵系统到舵偏角的传递系数，降低了飞机对操纵指令的响应。

2.3　控制增稳系统

通过对阻尼器和增稳系统的学习可知：

(1) 阻尼器和增稳系统能提高飞机的阻尼比和固有频率，但却牺牲了操纵性。增稳系统的功能虽比阻尼器完善，但对操纵系统影响较大，在使阻尼比、固有频率和静稳定性提高的同时，却减小了系统的传递增益，是以牺牲操纵性为代价的。

(2) 阻尼器和增稳系统无法解决非线性操纵指令问题，即当飞机进行大机动飞行时，要求飞机具有较高的操纵灵敏度，而做小机动飞行时，则要求有较小的操纵灵敏度。

为了找到可以不牺牲操纵性来提高飞机的阻尼比和固有频率的方法，在阻尼器和增稳系统的基础上，就自然出现了兼顾以上两方面要求的控制增稳系统(Control Augmentation Systems，CAS)。

下面以图 2-6 典型的俯仰控制增稳系统为例，来分析控制增稳系统的构成与工作原理。图中，$W_1(s)$，$W_2(s)$ 为滤波网络的传递函数；$K_p(s)$ 为杆力传感器的传递函数，杆力传感器将驾驶杆的杆力转换成电信号；$M(s)$ 为杆力到舵偏角的传递函数，称为指令模型。

俯仰控制增稳系统主要由三大部分构成：机械通道、前馈电气通道(包括杆力传感器 $K_p(s)$ 和指令模型 $M(s)$)和增稳反馈回路。

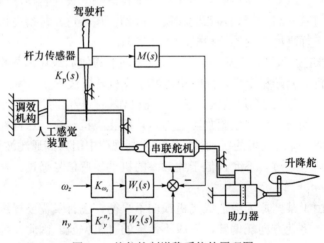

图 2-6　俯仰控制增稳系统的原理图

俯仰控制增稳系统基本工作原理为：

(1) 驾驶员的操纵信号经由不可逆助力操纵系统构成的机械通道使升降舵舵面偏转 $\Delta\delta_M$。

(2) 驾驶员的操纵信号同时又经前馈电气通道，由杆力传感器 $K_p(s)$ 产生电压指令信号，通过指令模型 $M(s)$ 形成满足操纵要求的电信号，再与增稳回路的反馈信号综合后使升降舵舵面偏转 $\Delta\delta_E$。

(3) 因为机械通道与前馈电气通道产生的操纵信号是同号的，所以总的升降舵舵面偏转应为：$\Delta\delta_z = \Delta\delta_M + \Delta\delta_E$。由此可见，前馈电气通道显然可以使驾驶员的操纵量增强。

事实上，前馈电气通道的信号部分抵消了反馈回路的信号，削弱了增稳系统的作用。

且当驾驶仪通过驾驶杆操纵飞机时，增稳系统的作用随驾驶杆杆力的增加而减弱，驾驶员不操纵驾驶杆，控制增稳系统的作用与增稳系统完全一样。

由于电气通道是采用前馈形式，因此可以使系统的开环增益取得很高，又不会减小系统的闭环增益而降低静操纵性，这是俯仰控制增稳系统的显著特点之一。

2.4 电传操纵系统

2.4.1 电传操纵系统的提出

控制增稳系统虽然能兼顾驾驶员对飞机稳定性和操纵性的要求，但对飞机机动性能的提高仍是有限的，其原因主要有如下几点。

(1) 控制增稳系统的舵面操纵权限是有限的。

控制增稳系统的舵面操纵权限虽比增稳系统有所增大，但为确保飞行安全，操纵权限也只有最大舵偏角的 30% 左右；很难满足整个飞行包线内改善飞行品质的要求。

(2) 存在力反传问题。

无论增稳还是控制增稳系统，都是通过复合摇臂把自动控制系统和不可逆助力操纵系统组合起来的。人工操纵时，有力传到舵机，舵机受到外来附加力，但不影响舵机工作，舵机工作时，也有力传到驾驶杆。若驾驶员不操纵，只有舵机工作，则当舵机输出杆左右缩进时，只要在系统工作过程中存在由复合摇臂到助力器分油活门段的机械系统的摩擦力和液压动力、惯性力，就必然有传向驾驶杆的力，由此就会引发所谓"力反传"现象。特别是由于舵机有时工作，有时不工作，或时快时慢，因此在驾驶员握杆时，感觉到有一个时有时无、时大时小的干扰力影响。

此外，还有所谓"功率反传"问题，这是由于舵机和助力器输出速度不匹配引起的。一般舵机的输出速度总是大于助力器的输出速度，因此，由舵机到助力器之间杆系的动量在助力器输入端引起的碰撞力会反传到驾驶杆，从而引起驾驶杆和助力器输入端的瞬时撞击现象。

上述力反传和功率反传都会随操纵权限的增大而增大，通过改进机械系统本身很难克服。

(3) 战伤生存能力低。

据资料统计，在美越战争期间，由于炮火击中机械系统致使机毁人亡事故率达 30% 左右，这是一个相当惊人的数字。其原因是由于机械系统的传输线分布比较集中，一旦被炮火击中，可能使整个系统失灵。由于控制增稳系统中仍保留机械杆系，所以这种系统的战伤生存能力低。

(4) 结构复杂、质量大。

由于控制增稳系统是在不可逆助力操纵基础上，通过复合摇臂叠加电气通道构成的，显然在结构复杂性和质量方面，均大于不可逆助力操纵系统。此外，机械系统存在间隙、摩擦等非线性与弹性变形，致使难于精确传递微小操纵信号。

由上述可知，产生这些缺点的根本原因在于控制增稳系统中存在机械杆系。飞机设计者们在 20 世纪 50 年代末就提出了一种新方案——电传操纵系统。20 世纪 60 年代中期，计算机和微处理机的发展以及控制理论和余度技术的日益成熟，为实现全电气操纵创造了有利条件，而余度技术的成功标志着飞行控制系统在安全可靠性上的突破，最终使得在飞机上利用纯电传操纵系统成为现实。

2.4.2 电传操纵系统的组成、工作原理和控制律

1. 单通道电传操纵系统

电传操纵系统实际上是在控制增稳系统的基础上，取消了不可逆助力机械操纵通道，只保留由驾驶员经杆力传感器输出电气指令信号的通道。此外，与控制增稳系统的区别还有：在正向通道中增加了自动配平网络、过载限制器以及补偿飞机静不稳定而增设的放宽静稳定性(Relaxed Static Stability，RSS)回路，为提高飞机安全性，在反馈通道内增加了迎角／过载限制器。如果飞机是静稳定的，则不必引入 RSS 回路。

此系统也具有稳定和操纵两种工作状态。在稳定工作状态下，飞机稳定等速平飞时，若受到扰动作用，使飞机偏离原平衡状态，则速率陀螺和法向加速度计输出相应的反馈信号，该信号与指令模型的电气信号比较综合而形成误差信号驱动平尾偏转，使飞机恢复到原平衡机体状态。在操纵工作状态下，驾驶员操纵驾驶杆力传感器产生的电指令信号与速率陀螺和加速度计信号综合后的信号相比较，得到误差信号，经放大后驱动平尾，当飞机运动参数达到驾驶员期望值时，平尾停止偏转，使飞机保持在驾驶员所期望的状态。

2. 四余度电传操纵系统

余度系统一般由几个相同或相似的通道组成，每个通道都包含传感器、计算机、舵机、信号选择器以及监控器与切换装置等部件。除了信号选择器、监控器与切换装置外，其他部分组成类似于单通道电传操纵系统。图 2-7 为四余度模拟式电传操纵系统原理示意图。由图可知，系统由四套完全相同的单通道电传操纵系统组合而成，保证其可靠性不低于机械操纵系统。四个独立的通道由四余度杆力传感器接收驾驶员指令输入信号，检测飞机运动。四余度传感器提供增稳信号。系统主要电子组件是飞行控制计算机，其功能是对四条通道分别进行数据处理、增益调整、滤波、动态补偿和信号放大，图中的综合器／补偿器可完成上述功能。另外，计算机更为关键的作用是余度管理，包括信号选择、故障监控、故障警告与隔离。信号选择器(表决器)实现信号选择，判别四个输入信号中有无故障信号并从中选择一个正确无故障的信号输出。监控器实现故障监控，检测并识别有故障的部件或通道。系统能自动隔离被检测出的故障信号，使它不再输出到舵机。

当四套系统工作都正常时，驾驶员操纵杆经杆力传感器产生四个同样的电指令信号，分别输到相应的综合器／补偿器和表决器／监控器中。由图可知，每个表决器的输入端都有来自四个通道综合器／补偿器的输出信号，即通道间彼此交叉连接，称为交叉增强，可显著提高系统的安全可靠性。交叉连接给系统提供了更多的工作通道，增强了系统的生存能力。通过四个表决器／监控器作用，各通道分别输出一个正确的信号到相应舵回路。四个舵回路的输出通过机械装置共同操纵一个助力器使舵面偏转，操纵飞机作相应运动。如果某个通道中出现故障，那么四个信号中就有一个是故障信号，经表决器／监

控器作用，将信号隔离。根据每个表决器／监控器本身的工作方式选出工作信号送到舵回路，飞机仍可按驾驶员操纵要求作相应的运动，因为舵回路采用的是余度舵机，它能自动切除与助力器的联系，所以某一通道的舵回路出现故障时，助力器取得的仍是正确信号。同理，若系统中再有一个通道出现故障，因为表决器／监控器是在三个输入信号中以两个相同的信号作为正确信号，所以仍能输出正确信号，电传操纵系统仍能正常工作，不会降低系统性能。因此，四余度电传操纵系统具有双故障工作等级，故又称为双故障－工作的电传操纵系统。

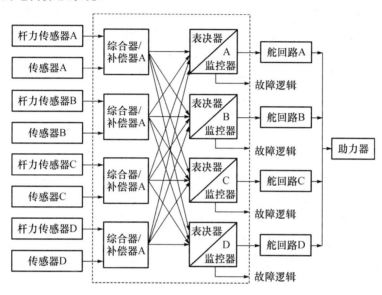

图 2-7　四余度模拟式电传操纵系统原理图

2.4.3　电传操纵系统的作用

电传操纵系统是在控制增稳系统的基础上研制而成的，它除了具有控制增稳系统的优点以外，还有很多控制增稳系统不具备的特点，比如它具有自动配平网络、放宽静稳定性回路、迎角／过载限制回路等特点，这些特点对提高飞机的稳定性和操纵性都有重要的意义。

所谓放宽静稳定性是指对飞机静稳定性的限制放宽了，即其焦点可以很靠近质心，或者和质心重合，甚至移到质心之前，具有这种特性的飞机称为放宽静稳定性飞机。放宽了静稳定性以后，不采用相应增稳措施的飞机是难以操纵的，但是对飞机的机动性却有很大的提升。因此在保证飞机安全操纵的前提下，放宽飞机的静稳定性是非常有用的。电传操纵系统中一般都有放宽静稳定性回路，其作用就是保证放宽飞机的静稳定性以后，仍然能够安全地操纵飞机。

具有电传操纵系统的飞机一般都可以放宽静稳定性。放宽了静稳定性以后，飞机的特性发生了很大的变化。主要体现在：阻力减小、质量减小及有用升力增加等。而有用升力增加使得飞机的机动性得到提升(比如增大了飞机的过载能力、提高了飞机的转弯角速度及降低了飞机的转弯半径等)。

25

具体说来，采用电传操纵系统可以有如下益处：

(1) 由于指令回路和增稳回路都是电子式的，电传操纵系统中能选的参数比在控制增稳系统要更多，而且控制规律易于实现。电传操纵系统能够提供全权限、全时间操纵，尤其是为实现多舵面协调控制提供较好的灵活性。

(2) 显著减轻操纵系统的质量和体积。

(3) 提高战伤生存能力。由于采用余度技术，其总线可在机翼和机身内部分散安排。所以在战伤生存可能性、安全可靠性方面，电传操纵系统胜过机械操纵系统。

(4) 消除机械操纵系统中非线性因素的影响。使用电传操纵系统消除了诸如摩擦、间隙、迟滞等机械系统的非线性因素，因而容易调整飞机的响应与杆力的函数关系，使其在所有飞行状态下满足要求，也可以改善精确微小信号的操纵。

(5) 简化控制增稳系统，容易与自动飞行控制系统综合。因为电气组合简单，所以电传操纵系统与自动着陆系统、武器投放系统等自动控制系统的综合比较方便，易于实现。

(6) 节省设计安装时间，便于调试。

尽管电传操纵系统具有许多优点，但也存在一些亟需解决的问题。一是成本较高。由于单通道电传操纵系统可靠性不高，一般采用三余度或四余度提高可靠性，故技术更复杂、成本更高。二是系统易受雷击和电磁脉冲的干扰。由于大量电子线路、数字装置的采用以及复合材料在飞机结构中所占比重越来越大，这些材料与金属材料相比，电磁屏蔽能力相当小，导致对电磁干扰和雷击防护性能的降低，这已成为电传操纵系统突出的问题。在电传操纵系统研究过程中必须重视对雷击损害的防护和系统之间电磁干扰等问题。

目前世界各国已经将电传操纵系统作为一个基本操纵系统，在此基础上只要再增加一些其他功能，就可以在随控布局飞机上实现主动控制的各项功能。

复习思考题

1. 以俯仰通道为例说明阻尼系统与增稳系统的联系与区别。

2. 说明控制增稳飞行控制系统两种类型控制律的特点，并解释中性速度稳定性的含义。

3. 控制增稳系统对飞机稳定性和操纵品质的作用如何？

4. 什么是余度系统？余度系统应满足哪些条件？

第3章 自动飞行控制系统

飞机通常由驾驶员来驾驶,但是随着飞机性能的提高以及飞行任务复杂程度的提高,在很多情况下仅靠飞行员很难完成既定任务,因此在一些飞行阶段或一些飞行任务过程中,由自动控制系统来完成飞行员难以完成的飞行动作或任务是非常必要的。

在小扰动假设下,描述飞机运动的参数有三个姿态角、三个角速度、两个气流角、两个线位移及一个线速度。在无人参与条件下,自动飞行控制系统可以自动控制全部或部分上述参数,必要时还可以控制取决于速度与迎角的马赫数及法向过载等。

3.1 概述

3.1.1 自动飞行控制系统的组成

与其他自动控制系统一样,自动飞行控制系统也是由被控对象(飞机)和自动控制器组成,自动控制器的基本部分包括如下:

(1) 测量元件:测量飞机运动参数。

(2) 信号处理元件及计算装置:把各种敏感元件的输出信号处理为符合控制规律要求的信号。包括综合装置、微分器、积分器、限幅器及滤波器等。

(3) 放大元件:放大上述处理后信号的元件。

(4) 执行元件:根据放大元件的输出信号驱动舵面偏转。

图 3-1 所示的是自动飞行控制系统控制器的方块图。为改善舵机性能,引入了反馈,形成舵回路。如果敏感元件是测量飞机姿态的元件,那么该元件与舵回路就组成了自动驾驶仪。

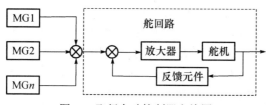

图 3-1 飞行自动控制器方块图

自动驾驶仪与飞机构成回路,其主要功能是稳定飞机的姿态,称为稳定回路,如图 3-2 所示。稳定回路包括了动态特性随飞行条件而变的飞机,分析起来比较复杂。稳定回路上加上测量飞机轨迹信号的元件及表征飞机空间几何位置关系的运动学环节,组成更大的回路,称为控制回路(或称制导回路),如图 3-3 所示。

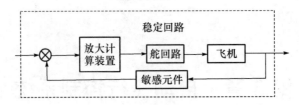

图 3-2　稳定回路

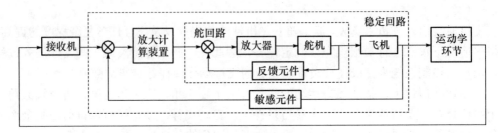

图 3-3　控制(制导)回路

飞机自动控制器的静、动态特性的数学表达式称为自动控制器的控制规律。实际上控制规律就是自动控制器的输出信号与输入信号的动态关系。

3.1.2　自动飞行控制系统的基本参数

1. 姿态角自动控制系统的精度及瞬态响应

(1) 精度。滚转角在±60°范围内，精度不低于±1°。俯仰角在±15°范围内，精度不低于±0.5°。飞机进入自动控制后，滚转角小于7°时，航向角的精度不低于±0.5°。

(2) 瞬态响应。三个姿态角的瞬态响应均要求平滑、迅速。对俯仰角来说，人工强迫操纵自动飞行控制系统使$|\theta|$变化5°后，返回初始状态的超调量不超过1°。对航向角来说，人工强迫操纵自动飞行控制系统使$|\beta|$变化5°，然后返回初始航向的超调量不超过1°。应允许在360°范围内选择航向。在改变航向的转弯过程中应建立滚转角，保证要求的转弯角速度并防止失速。在进入转弯和退出转弯过程中，滚转角的超调量不大于1.5°。

(3) 转弯、滚转及侧滑角等方面的要求。自动飞行控制系统保证飞机自动协调转弯的过程中，稳态滚转角为60°时，失调的侧滑角应不大于2°，侧向过载应不超过0.03 g。在定高飞行状态下飞机以60°/s的滚转角速度从ϕ=60°滚向ϕ=-60°时，自动飞行控制系统应使侧向过载不超过0.1 g。滚转角速度大于60°/s时，侧向过载应不超过0.2 g。侧滑角应不大于使侧向过载为0.02 g的侧滑角，最大不超过1°。

2. 轨迹自动控制系统的精度与瞬态响应要求

保持高度的精度随飞机高度及滚转角而异。有关资料提供，在9100 m以下为9 m；在9100 m～16700 m，相对误差为0.1%；在16700 m～24400 m，当ϕ=0°时，相对误差由0.1%线性变化到0.2%，当ϕ=0°～30°时，误差为27 m及0.4%两值中的最大值。保持马赫数的精度为 Ma=0.05。除动态及静态性能外，还要求安全可靠，使用维护方便，能适应环境。

以上各种要求均因被控飞机的用途而异。例如，对民航客机主要要求平稳、舒适，滚转角和转弯调整时间可以长些，对歼击机要求迅速跟踪敌机，调整时间要短，无法提出统一的调整时间要求。

3.2 三轴姿态控制系统

3.2.1 飞机角运动的稳定与控制

为了控制某一物理量，首先必须有敏感元件测量其值。自动驾驶仪中用垂直陀螺仪测量俯仰角 θ 及滚转角 ϕ，用航向陀螺仪测量偏航角 ψ。陀螺仪以电信号形式送入信号综合器，经放大器放大后送入舵回路，驱动舵面偏转从而控制相应姿态角。各通道在原理上基本相似。下面以俯仰通道为例说明姿态角自动控制系统的原理。

图 3-4 为俯仰角 θ 自动控制的原理方块图。其中 $U_{\Delta\theta}$ 为垂直陀螺仪信号转换器的输出电压，$U_{\Delta\theta} = K_1 \Delta\theta$，$U_{\Delta\theta_g}$ 为控制电压，$U_{\Delta\theta}$ 与 $-U_{\Delta\theta_g}$ 一起送入舵回路(其传递函数为 $G_\delta(s)$)。下面讨论系统的控制律。

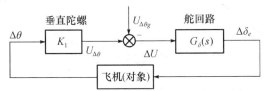

图 3-4 俯仰角 θ 自动控制系统原理方块图

1. 比例式自动驾驶仪的控制规律

图 3-4 中垂直陀螺与舵回路组成自动驾驶仪。略去舵回路的惯性，则 $G_\delta(s) = K_\delta$，$\Delta\delta_e$ 与 ΔU 成比例关系，即

$$\Delta\delta_e = K_\delta(U_{\Delta\theta} - U_{\Delta\theta_g}) = K_\delta K_1 \Delta\theta - K_\delta U_{\Delta\theta_g} = L_\theta(\Delta\theta - \Delta\theta_g) \tag{3-1}$$

式中 $\Delta\theta_g = U_{\Delta\theta_g}/K_1$； $L_\theta = K_\delta K_1$。

式(3-1)说明升降舵偏角增量与俯仰角偏差($\Delta\theta - \Delta\theta_g$)成比例。具有这种控制律的姿态角自动控制器称为比例式自动驾驶仪。其工作原理是：设飞机处于等速水平直线飞行状态，受某干扰后，出现俯仰角偏差 $\Delta\theta = \theta - \theta_0 > 0$，$\theta_0$ 为初始俯仰角，假设为零。垂直陀螺仪测出偏差，输出与 $\Delta\theta$ 成比例的电压信号 $U_{\Delta\theta} = K_1 \Delta\theta$。假设外加控制信号 $U_{\Delta\theta_g} = 0$，则经综合装置加到舵回路的信号为 ΔU。舵回路的输出驱动升降舵向下偏转，即 $\Delta\delta_e > 0$，由 $\Delta\delta_e$ 产生的气动力矩使 θ 角逐渐减小。适当选择 $L_\theta = K_\delta K_1$，可保证 $\Delta\theta \to 0$ 时，$\Delta\delta_e \to 0$。修正过程如图 3-5 所示。

如果有外加控制信号 $U_{\Delta\theta_g} > 0$，则 $-U_{\Delta\theta_g} = -K_1 \Delta\theta_g$。如果飞机原来处于平直飞行状态，即 $\Delta\theta = \theta - \theta_0 = 0$，舵回路输入的电信号为 $-U_{\Delta\theta_g} = -K_1 \Delta\theta_g$，经舵回路使升降舵向上偏转，即 $\Delta\delta_e < 0$，产生抬头力矩，θ 角增加，使 $\Delta\theta$ 逼近 $\Delta\theta_g$。如适当选取参数 $L_\theta = K_\delta K_1$，则 $\Delta\theta \to \Delta\theta_g$，$\Delta U \to 0$，$\Delta\delta_e \to 0$，过渡过程曲线如图 3-6 所示。

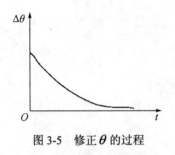

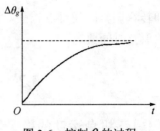

图 3-5　修正 θ 的过程　　　　　　　　　图 3-6　控制 θ 的过程

在以上修正和控制 θ 的过程中，如果存在常值干扰 M_f，飞机稳定后必然存在一个 $\Delta\delta_e$，抵消 M_f 的影响。已知

$$M(\Delta\delta_e) = M_{\delta_e}^{\alpha}\Delta\delta_e \tag{3-2}$$

根据力矩平衡条件可求得 $\Delta\delta_e$。

由于

$$M(\Delta\delta_e) + M_f = 0 \tag{3-3}$$

所以

$$\Delta\delta_e = -\frac{M_f}{M_{\delta_e}^{\alpha}} = -\frac{M_f}{Q_{C_A}S_w C_{m_{\delta_e}}} \tag{3-4}$$

根据控制律 $\Delta\delta_e = L_\theta(\Delta\theta - \Delta\theta_g)$，可得

$$\Delta\theta = \Delta\theta_g - \frac{M_f}{Q_{C_A}S_w C_{m_{\delta_e}} L_\theta} \tag{3-5}$$

或求出误差(也称静差)为

$$\Delta\theta - \Delta\theta_g = -\frac{M_f}{Q_{C_A}S_w C_{m_{\delta_e}} L_\theta} \tag{3-6}$$

上式表明，由于有干扰力矩 $\Delta\delta_e$ 的存在，所以俯仰角增量 $\Delta\theta$ 与要求的控制增量 $\Delta\theta_g$ 不再一致，出现的误差 $\Delta\theta - \Delta\theta_g$ 与干扰力矩 M_f 成正比，与传递系数 L_θ 成反比。

增大 L_θ 可减小这一误差，但飞机在修正 $\Delta\theta$ 角时升降舵偏角 $\Delta\delta_e$ 增量较大，产生较大的力矩 $M(\delta_e)$，使飞机有较大的角速度。在稳定工作状态 $\Delta\theta_g = 0$，$\Delta\theta$ 接近零时，$\Delta\delta_e$ 虽已到零，但由于飞机的惯性，且角速率 $q \neq 0$，飞机会向反方向俯仰以致产生振荡，如图 3-7 所示。

引入俯仰角速率信号产生附加舵偏角和形成俯仰角速率反向的附加操纵力矩，对飞机运动起阻尼作用，防止振荡。与此相应的自动驾驶仪控制律为

$$\Delta\delta_e = L_\theta\Delta\theta + L_{\dot\theta}\Delta\dot\theta \tag{3-7}$$

$L_{\dot\theta}\Delta\dot\theta$ 的阻尼作用如图 3-8 所示。

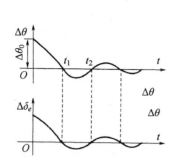
图 3-7 消除起始偏差的过渡过程

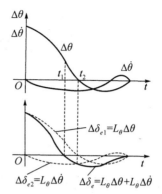
图 3-8 阻尼信号所产生的阻尼效果

由 $\Delta\theta(t)$ 可画出曲线 $\Delta\dot\theta(t)$，再根据控制律可画出相应舵偏角 $\Delta\delta_{e1}(t)$、$\Delta\delta_{e2}(t)$ 及 $\Delta\delta_e(t)$ 曲线。由图可知，在 $\Delta\theta(t)$ 由正值减小过程中，$\Delta\dot\theta(t)$ 为负值，所产生的舵偏角也是负值，因而在 $\Delta\theta(t)$ 仍为正值的 t_1 时刻，舵就已提前回到基准位置，即 $\Delta\delta_e = 0$；而当 $\Delta\theta(t) = 0$ 的 t_2 时刻，$\Delta\delta_e$ 为负值，产生抬头力矩，阻止飞机俯冲，这就是所谓的人工阻尼。在自动驾驶仪中速率信号由角速度陀螺给出，是微分信号，使舵偏角相位超前于位置信号 $\Delta\theta$。因而速率信号 $\Delta\dot\theta$ 的作用叫做"提前反舵"，反映了飞行控制系统中引入俯仰速率信号的物理本质。

2. 积分式自动驾驶仪控制律

舵回路采用硬反馈时，在常值干扰力矩 M_f 作用下会出现静差，这是由于必须有一恒定舵偏角 $\Delta\delta_e$ 才能平衡 M_f。比例式自动驾驶仪在稳态时 $\lim\limits_{t\to\infty}\Delta\delta_e(t) = L_\theta \lim\limits_{t\to\infty}\Delta\theta(t)$。即只有存在静差 $\lim\limits_{t\to\infty}\Delta\theta(t)$ 才能提供舵偏角。若去掉硬反馈，保留速度反馈，使舵的偏转角速度与俯仰角的偏差成正比，即可消除静差。若系统工作在稳定状态，则

$$\Delta\dot\delta_e = L_\theta \Delta\theta \qquad (3\text{-}8)$$

式中　$L_\theta = k_\theta k_\delta / i$ ——单位俯仰角产生的舵偏角速度，其中 k_δ 为舵回路增益。

对式(3-8)两边积分，并令初始条件 $\Delta\theta_0 = 0$，则

$$\Delta\delta_e = L_\theta \int \Delta\theta \mathrm{d}t \qquad (3\text{-}9)$$

即舵偏角与俯仰角偏离值的积分成比例。系统进入稳定后，靠 $\Delta\theta$ 的积分信号产生舵偏角，使 $\Delta\theta$ 的静差为零。

这种驾驶仪称为积分式驾驶仪。由于是舵回路速度反馈造成这种积分关系，故也称速度反馈式自动驾驶仪。

3. 均衡式自动驾驶仪

均衡式自动驾驶仪可消除常值干扰力矩下的静差和斜坡函数时的稳态误差，提高了稳定性和控制精度，广泛用于要求较高的飞行阶段(如自动着陆)。

均衡式是在引入舵机硬反馈的基础上再加一个非周期环节 $\beta_\delta/(T_e s + 1)$ 的正反馈。其中时间常数 T_e 很大，为几秒到十几秒，如图3-9所示。

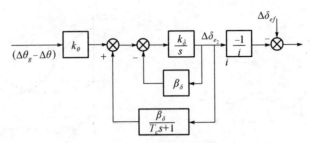

图 3-9　采用均衡反馈舵回路的方块图

在稳定与控制飞机角运动时，舵回路的动态过程仅为零点几秒，舵回路中 T_e 值大的非周期环节通路来不及产生明显的反馈作用，可以认为是断开的(故又称延迟正反馈)。整个系统仍工作在硬反馈式的状态。逐渐进入稳态后，该通路的正反馈量越来越大，最终等于硬反馈通路的负反馈量。正负反馈相互抵消，舵回路传递函数变为 k_δ/s，这样，在干扰 $\Delta\delta_{ef}$ 与 $(\Delta\theta_g-\Delta\theta)$ 综合点之间增添了一个积分环节，从而消除了静差。

3.2.2　飞机纵向角运动的稳定与控制

设飞机作平直等速飞行，航迹倾斜角 $\gamma_0=0$，迎角 $\alpha_0=\theta_0>0$，自动驾驶仪控制律为

$$\Delta\delta_e=L_\theta(\Delta\theta-\Delta\theta_g)+L_{\dot\theta}\Delta\dot\theta \tag{3-10}$$

首先讨论俯仰角的稳定过程(即 $\Delta\theta_g=0$)。飞机受扰后出现俯仰角偏差 $\Delta\theta_0>0$，由控制律知将产生舵偏角增量 $\Delta\delta_e=L_\theta\Delta\theta_0>0$，升降舵下偏，产生低头力矩，飞机绕横轴向下转动，出现 $q=\dot\theta<0$，$\Delta\theta$ 减小。

最初阶段法向各力处于平衡状态，当飞机纵轴向下转动时，空速向量来不及转动，迎角 α 减小，$\Delta\alpha=\alpha-\alpha_0<0$。随着飞机向下转动，迎角负向增大，产生垂直向下的分力，使空速向量向下转动，迎角负向增长变慢，到某值后，飞机纵轴与空速转动的速度相同，负迎角值不再增加。此后空速向量转动速度超过飞机纵轴，迎角负值变小，直到 $\Delta\alpha=0$ 为止。

前面已介绍了 $L_{\dot\theta}\Delta\dot\theta$ 信号的作用，不再赘述。比例式自动驾驶仪修正 θ_0 的过程曲线如图 3-10 所示。用类似的方法可分析俯仰角的控制过程。这里只给出控制俯仰角的过渡过程曲线，如图 3-11 所示。

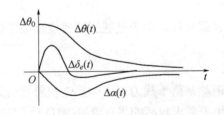

图 3-10　比例式驾驶仪修正初始 $\Delta\theta_0$ 的过程

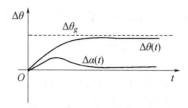

图 3-11 比例式自动驾驶仪俯仰角控制过程

控制俯仰角过程的快慢可以由最大迎角增量 $\Delta\alpha_m$ 体现。在 $\Delta\theta_g$ 值相同的情况下，$\Delta\alpha_m$ 值越大，表明 $\Delta\theta(t)$ 过程越快。而飞机迎角增量 $\Delta\alpha$ 与飞机法向过载关系如下：

$$\Delta n_z = \frac{QS_w C_{L\alpha}}{G}\Delta\alpha = \frac{V_0}{g}Z_\alpha \Delta\alpha \tag{3-11}$$

可见，$\Delta\alpha_m$ 越大，过载增量 Δn_z 也越大，使机上乘员不舒服；但若 $\Delta\alpha_m$ 过小，过渡过程会比较长。一般不希望过渡过程过长，所以俯仰角控制指令 $\Delta\theta_g$ 不能太大(只有 $4°\sim5°$)。如果要求控制的俯仰角较大，应修改控制律。

3.2.3 飞机侧向角运动的稳定与控制

侧向角运动稳定与控制的任务是使偏航角与滚转角等于零或利用自动驾驶仪控制飞机转弯。

偏航力矩使飞机纵轴在水平面内转动，而垂直于速度的侧向力使速度向量在水平面内转动。飞机侧滑时，侧向力来自侧滑产生的侧向气动力。当飞机有滚转时，侧向力来自升力倾斜的水平分量，或者同时来自侧滑和滚转。因此飞机侧向控制方式有下列三种。

1. 通过方向舵稳定与控制航向

早期的侧向自动驾驶仪是由垂直陀螺仪感受飞机滚转角，将此信号加入副翼通道构成滚转稳定回路，保持飞机机翼在水平位置。用航向陀螺感受飞机纵轴相对给定航向的偏离。将偏离信号加入方向舵通道构成航向稳定与控制回路，保持给定航向。为增加运动的阻尼将角速度信号加入各自回路。其控制律为

$$\left.\begin{array}{l}\delta_a = I_{\dot\phi}\dot\phi + I_\phi\phi \\ \delta_r = K_{\dot\psi}\dot\psi + K_\psi(\psi - \psi_g)\end{array}\right\} \tag{3-12}$$

显然这种控制律在修正航向偏差时，采用带侧滑的水平转弯，纵轴与空速协调性差，只适用修正小角度。

2. 通过副翼修正航向，方向舵用来削弱荷兰滚及减小侧滑

副翼通道的控制律为

$$\delta_a = I_{\dot\phi}\dot\phi + I_\phi\phi + I_\psi(\psi - \psi_g) \tag{3-13}$$

飞机纵轴偏离给定航向 ψ_g，例如 $\psi - \psi_g > 0$(机头右偏)，此偏差信号加入副翼通道，使 $\delta_a = I_\psi(\psi - \psi_g) > 0$，产生 $L(\delta_a) < 0$ 的滚转力矩，飞机向左倾斜，这样升力的水平分量提供了使空速向量向左转(即转向给定航向)的侧力。因 $I_\phi\phi$ 与 $I_\psi(\psi - \psi_g)$ 的符号相反，所

以随 ϕ 增大而 δ_a 减小。当 $I_{\dot\phi}\dot\phi + I_\phi\phi$ 与 $I_\psi(\psi - \psi_g)$ 信号平衡时，副翼回到初始位置。在空速向量转向给定航向初期，纵轴还未转动，纵轴落后空速向量，出现 β 角，利用飞机偏航稳定力矩使纵轴跟随空速向量。

随着飞机转向，航向偏差信号减小，滚转信号将超过它，副翼反向偏转，ϕ 开始减小，ψ 回到 ψ_g，ϕ 和 β 也都回到零。必须指出式(3-13)控制律能保持航向，但不能保持航线(航迹)。由上述看出，在修正航向时有侧滑角 β，如果飞机自身航向稳定性较小，β 角会较大，这是不希望的。

3. 同时用副翼和方向舵稳定与控制航向

这种就是航向协调稳定方式，有以下两种情况。

将航向偏差信号同时送入方向舵和副翼通道。两个通道的控制律为

$$\left.\begin{array}{l} \delta_a = I_\phi\phi + I_\psi(\psi - \psi_g) \\ \delta_r = K_\phi\phi + K_{\dot\psi}\dot\psi + K_\psi(\psi - \psi_g) \end{array}\right\} \tag{3-14}$$

将某一通道的被控量加到另一通道，使两通道协调的方式称为协调控制，加入的信号称为协调交联信号。只要适当选取传递系数，可保证在最小侧滑(或无侧滑)情况下使飞机回到给定航向。这种消除 β 的方法是"开环补偿"的方法，它能消除产生侧滑的原因。但产生侧滑的偶然因素不能完全考虑，再加上飞行状态的变化很难做到完全补偿。也可采用"闭环调整"的方法来消除 β 角，即引入 β 信号。不过这种方法是被动的，即产生 β 角后才起作用。同时采用开环补偿和闭环调整两种方法可得更好的结果，这时控制律为

$$\left.\begin{array}{l} \delta_a = I_{\dot p}\dot p + I_p p + I_\phi\phi + I_\psi(\psi - \psi_g) \\ \delta_r = K_r r + K_{\dot r}\dot r + K_\psi(\psi - \psi_g) - K_\beta\beta \end{array}\right\} \tag{3-15}$$

在副翼和方向舵通道分别加入相应的交联信号。这种控制律的特点是航向偏差信号送入副翼通道，副翼工作后产生的滚转信号引入方向舵通道，这适用于小转弯状态，控制律为

$$\left.\begin{array}{l} \delta_a = I_{\dot\phi}\dot\phi + I_\phi\phi + I_\psi(\psi - \psi_g) \\ \delta_r = K_{\dot\psi}\dot\psi - K_\phi\phi \end{array}\right\} \tag{3-16}$$

4. 航向自动稳定控制律

令式(3-16)中的 $\psi_g = 0$ 就得到航向自动稳定控制律为

$$\left.\begin{array}{l} \delta_a = I_{\dot\phi}\dot\phi + I_\phi\phi + I_\psi\psi \\ \delta_r = K_{\dot\psi}\dot\psi - K_\phi\phi \end{array}\right\} \tag{3-17}$$

1) $\beta_0 = 0$ 时修正初始偏航角的过渡过程

设飞机处于平直飞行状态，由于受干扰出现左偏航 ψ_0（即 $\psi_0 < 0$），此时 $\beta_0 = 0$。在 $I_\psi\psi_0$ 信号作用下，副翼"左下右上"地偏转，产生滚转力矩 $L > 0$，飞机向右倾斜，升力的水平分量成为向右的侧力，使空速向量向右转动。由于空速向量向右转动超前纵轴，产生正侧滑角。飞机倾斜，以 $-K_\phi\phi < 0$ 信号使方向舵向右偏转。正侧滑角和方向舵右偏都产生偏航力矩 $N > 0$，纵轴向右转动，飞机趋向原航向。飞机转动的惯性小于平移的惯性，所以只要 K_ϕ 足够大，纵轴就很快赶上空速向量，且超过它，出现负侧滑角，产生负

偏航力矩，使纵轴转动变慢，当某一瞬间负侧滑角达到某极值后又逐渐向零变化，最终 $\psi \to 0$，$\phi \to 0$，$\beta \to 0$。上述过程如图 3-12 所示。应指出，如果 K_ϕ 过小，则 β 可能总为正值，直到稳定后才为零。

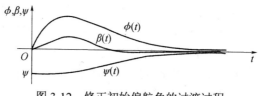

图 3-12　修正初始偏航角的过渡过程

2) 在常值干扰力矩作用下，航向自动稳定的过渡过程

例如，左右两边发动机推力不同形成干扰 N_f，引起飞机偏航。假定突然加上 $N_f < 0$，则出现左偏航 $\psi_0 < 0$。由于速度向量开始来不及转动，产生侧滑角。虽然在 $L_\beta \beta$ 的作用下，飞机应向左偏转，但 $I_\psi \psi$ 信号作用较大，使副翼负偏转，产生正的滚转角。该滚转角的信号又使方向舵右偏，产生力矩平衡部分干扰力矩。稳态时，ψ、ϕ 和 β 的稳定值均不为零，即存在静差。这是因为常值干扰力矩 N_f，要求一稳态方向舵偏角 $\delta_{r\infty}$ 起平衡作用，而从式(3-17)可知，稳态时 $\dot{\psi}_\infty = 0$，那么 $\delta_{r\infty}$ 只能由 $K_\phi \phi_\infty$ 来产生。飞机保持水平但又不转弯，这是定常侧滑状态，必然有 β_∞(侧滑角稳态值)。β_∞ 产生的侧力与 ϕ_∞ 造成升力的水平分量抵消，飞机才不转弯。

3) 协调转弯

飞机在水平面内连续改变飞行方向，保证滚转与偏航两者耦合影响最小，即 $\beta = 0$，并能保持飞行高度的一种机动动作，称为协调转弯。在实际飞行中，飞机的滚转与偏航运动紧密联系，相互交叉耦合，在转弯过程中，飞机纵轴与速度向量不能重合一起转动(即不协调)产生侧滑角。侧滑角不仅增大阻力，且不利于导航、瞄准，乘员也感觉不舒服，故要求协调转弯。

飞机协调转弯时，各参数之间满足如下条件：①稳态滚转角 ϕ_∞ 等于常数；②航向稳态角速度 $\dot{\psi}_\infty$ 等于常数；③稳态升降速度 $\dot{H}_\infty$ 等于零；④稳态侧滑角 β_∞ 等于零。对一定滚转角和飞行速度，只有一个相应的转弯速度可实现协调转弯。

3.3　自动配平系统

平衡飞机的纵向力矩和驾驶杆的杆力是操纵飞机的基本要求，飞机飞行时，由于速度的变化、质心的变化和气动外形的变化都会导致飞机力矩的不平衡，影响飞机的正常飞行。为此需要对飞机进行配平，以消除不平衡力矩和稳态飞行时的驾驶杆力。自动配平系统就是可以在驾驶员不参与的情况下，自动完成飞机力矩和杆力配平的自动控制系统。

自动配平系统包括自动杆力配平系统和马赫数配平系统。自动杆力配平用于消除稳态飞行时的驾驶杆力或脚蹬力，马赫数配平用于克服飞机跨声速飞行时出现的反操纵现象。按照配平的轴向划分，可分为俯仰配平、横向配平和航向配平。其中俯仰配平使用最多，且最具代表性，因此下面主要介绍俯仰配平。

3.3.1 俯仰自动杆力配平

俯仰自动配平通常是指对飞机不平衡的纵向力矩进行自动配平，其作用不仅仅是为消除纵向驾驶杆力，更重要的是用以消除作用在自动驾驶仪升降舵舵机上的铰链力矩，避免自动驾驶仪断开时由于舵机回中使飞机产生过大的扰动。

在自动驾驶仪工作过程中，由于某种原因破坏了纵向力矩的平衡，自动驾驶仪会控制舵面偏转 $\Delta\delta_e$，以使纵向力矩重新平衡。由于 $\Delta\delta_e$ 的存在，将产生一个作用在舵机上的铰链力矩。这时自动配平系统就会工作，它通过调节调整片或安定面，卸掉 $\Delta\delta_e$ 引起的铰链力矩，使舵面重新回到原位，为断开自动驾驶仪做好准备。如果没有自动配平系统，舵面偏转 $\Delta\delta_e$ 产生的铰链力矩都加在舵机上，这样，一旦断开自动驾驶仪，舵机不工作，铰链力矩立即就会引起升降舵的剧烈偏转。为了防止舵面的突然动作，在没有配平系统的时候，断开驾驶仪前，要求驾驶员人工给驾驶杆施加一定的力，这是非常不方便的。另外，当系统故障，监控系统自动切除自动驾驶仪时，驾驶员来不及操作，这样，舵面会突然偏转，迎角突然改变，产生较大的法向过载，当法向过载过大时也会危及安全。这是采用自动配平系统的主要原因。

3.3.2 马赫数配平系统

当飞机进入跨声速飞行时，由于翼面上方出现局部的超声速区，并随着马赫数的增加向后移动，产生使飞机低头的力矩。为了克服这种使飞机自动进入俯冲的危险情况，可以采用马赫数配平系统，随马赫数的变化自动调整水平安定面的安装角或转动升降舵，补偿焦点后移所引起的低头力矩以平衡纵向力矩。马赫数配平系统基本组成包括马赫数传感器、配平计算机和配平舵机。马赫数配平系统是个随动控制系统，它使平尾偏角按预定的函数关系随马赫数变化。

3.4 飞行轨迹控制系统

飞行控制的最终目的是使飞机以足够的准确度保持或跟踪预定的飞行轨迹。控制飞行器运动轨迹的系统称为制导系统，它是在角运动系统的基础上形成的。飞机运动轨迹控制如图 3-13 所示。

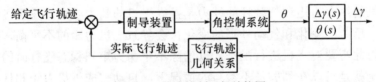

图 3-13 轨迹控制一般结构图

系统输入量是预定轨迹参量，输出量是飞机实际运动参量。若飞机偏离给定轨迹，制导装置将测出其偏差，并以一定的控制规律控制角运动，使飞机以要求的准确度回到给定的轨迹。

所以我们以前所学的姿态角控制系统将会作为轨迹控制的内回路。

3.4.1 飞机高度的稳定与控制

飞机编队飞行、执行轰炸任务、远距离巡航以及进场着陆时的初始阶段均需保持高度的稳定。舰载飞机执行雷达导航的自动着舰及飞机进行地形跟随时，高度控制系统将执行高度剖面中的某种轨迹，高度控制系统处于控制状态。

飞行高度的稳定与控制不能由俯仰角的稳定与控制来完成。因为飞机受纵向常值干扰力矩时，硬反馈式舵回路俯仰角稳定系统存在的俯仰角及航迹倾斜角静差，不能保持高度。角稳定系统在垂风气流干扰下同样会产生高度漂移。

高度稳定系统必须有如图 3-14 所示的测量相对给定高度偏差的测量装置，即高度差传感器，如气压式高度表、无线电高度表和大气数据传感器等。由高度差信息控制飞机的姿态，改变飞机航迹倾斜角，使飞机回到预定高度。

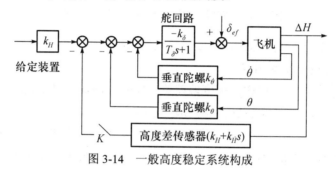

图 3-14 一般高度稳定系统构成

单独执行姿态角控制时，应将高度差测量装置断开。为便于转换飞行状态，设计高度稳定系统时通常不改变已设计完成的姿态角控制系统。

由图 3-14 可列出该系统的控制律(不考虑干扰 δ_{ef}，舵回路包含在传递系数 K_y^{θ}、$K_y^{\dot{\theta}}$、K_y^{H}、$K_y^{\dot{H}}$ 中)：

$$\delta_e = K_y^{\theta}\Delta\theta + K_y^{\dot{\theta}}\Delta\dot{\theta} + K_y^{H}\Delta H + K_y^{\dot{H}}\Delta\dot{H} \tag{3-18}$$

式中　ΔH ——相对于给定高度的偏差，即 $\Delta H = H - H_g$。

超过给定高度 H_g 时 ΔH 为正，如图 3-15 所示。

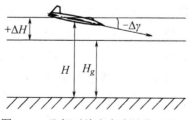

图 3-15 飞机对给定高度的稳定姿态

高度差测量装置输出高度差 ΔH 及高度变化率 $\Delta\dot{H}$ 的信号，其相应的传递系数为 k_H 和 $k_{\dot{H}}$。

若飞机低于预定高度(ΔH 为负)，按控制律为 $\delta_e < 0$，舵面上偏，飞机爬升返回预定

高度，故控制律中的极性符合控制要求。

以高度稳定系统纠正起始偏离的过程为例，进一步阐述控制律中其他信号的作用，起始高度偏离的稳定过程如图 3-16 所示。

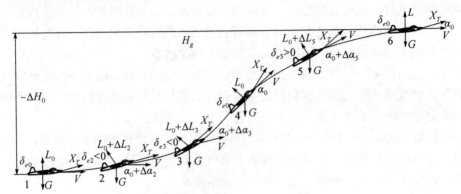

图 3-16　高度稳定系统纠正起始偏离的过程

状态 1：飞机起始偏离 $-\Delta H_0$，高度稳定系统未接通，飞机以 $\alpha = \alpha_0$ 作水平飞行，其升力等于重力，舵处于平衡角 δ_{e0}。

状态 2：高度稳定系统接通，高度偏差信号使舵上偏 δ_{e2}，与高度差成正比，迎角增加 $\Delta\alpha_2$ 与 δ_{e2} 成比例，升力增加 ΔL_2，与 $\Delta\alpha_2$ 成比例。

状态 3：在 ΔL_2 作用下，产生正航迹倾斜 $\Delta\gamma$，轨迹向上弯曲。随着 $\Delta\gamma$ 的增加，θ 也逐渐增加。由控制律可知，θ 增大，ΔH 减小，舵偏角也越小。与状态 2 相比，迎角增量和升力增量都减小。

状态 4：系统中的俯仰角偏离信号与高度差平衡，使舵回到 δ_{e0}。故 $\alpha = \alpha_0$，飞机仍以一定的 $\Delta\gamma$ 爬高。

状态 5：高度差信号小于俯仰角偏离信号，使舵回路的输入信号极性相反，舵向下偏转，即 $\delta_{e5} > 0$，从而使迎角增量 $\Delta\alpha_5$、升力增量 ΔL_5 和航迹倾斜角增量均出现负值，飞机轨迹逐渐向下弯曲。

状态 6：由于高度差 $\Delta H = 0$ 及 $\gamma = 0$，舵又回到 δ_{e0}。速度向量回到水平位置，飞机回到给定高度。

由稳定过程可知，若控制律中无俯仰角偏离信号，则在高度稳定过程中舵总是向上偏转的，导致升力增量为正，轨迹向上弯曲。当飞机达到给定高度时，由于速度向量不在水平位置而向上使飞机越过给定高度，出现正 ΔH，这时舵才向下偏转，这样就不可避免地在给定高度上出现振荡运动。引入俯仰角偏离信号后，飞机在未达到给定高度时，就提前收回舵面，如状态 4 与状态 5。减小了飞机的上升率，对高度稳定系统起阻尼作用。所以高度稳定通常在俯仰角控制系统的基础上形成。

为进一步增高高度稳定系统的阻尼，仅靠 θ 信号是不够的，因为 θ 信号的强度 K_y^θ 在设计姿态角稳定系统中已确定，故需再引入高度微分信号 $\Delta\dot{H}$。

3.4.2 侧向偏离控制系统

飞机有三个方向的轨迹运动，即前后、左右和上下运动。基本的自动飞行控制系统最关注的是飞机左右和上下的轨迹运动。飞机上下运动轨迹的控制即高度控制，在前面已经介绍了，下面将要介绍的是飞机侧向偏离运动的控制即飞机左右运动轨迹的控制。

飞机侧向偏离运动的控制与前面所介绍的高度控制在原理上非常相似，只是飞机的横侧向有两个操纵机构(副翼和方向舵)，它们能单独或联合控制飞机的侧向运动，因此，飞机侧向偏移运动的控制方案较多，同时，由于两个通道相互耦合，分析起来也比较困难。

与高度控制系统相似，侧向偏离运动也是以飞机的侧向姿态控制系统作为内回路的，我们知道，飞机偏航角的稳定与控制有三种方式，其中协调控制方式的控制规律为

$$\left.\begin{aligned}\delta_a &= I_{\dot\phi}\dot\phi + I_\phi\phi + I_\psi(\psi - \psi_g)\\ \delta_r &= K_{\dot\psi}\dot\psi - K_\phi\phi\end{aligned}\right\} \tag{3-19}$$

如果以式(3-19)作为内回路，构成侧向偏离控制系统还需要一个反映侧向偏离几何关系的外环，根据侧向偏离信号反馈位置的不同，可以形成以下三种控制方案，比如：

(1) 通过副翼控制滚转以修正侧向偏离(侧向偏离信号加入副翼通道)，方向舵只起阻尼与辅助作用，此方案目前使用最广泛。

(2) 同时通过副翼与方向舵两通道协调转弯来控制 y。

(3) 利用方向舵控制转弯来修正 y(侧向偏离信号加入方向舵通道)，副翼通道起辅助协调作用。

以上三种方案均靠协调转弯来修正 y。除此以外，还有其他的控制方案，比如：

(1) 利用方向舵使飞机保持航向，靠滚转产生侧滑来修正 y。在自动着陆时，利用此方案虽能使机头保持与跑道中心线平行的方向，但为了修正而需滚转，使机翼有碰地的危险。

(2) 通过飞机不倾斜的平面转弯来修正 y，副翼竭力保持机翼水平，方向舵控制飞机平面转弯来修正侧向偏离 y。

这两种方案靠侧滑角产生侧力，侧力值一般不大。故修正 y 的过程较缓慢。限于篇幅，这里只讨论第一种方案。

采用第一种方案的控制规律如下：

$$\left.\begin{aligned}\delta_a &= I_{\dot\phi}\dot\phi + I_\phi\phi + I_\psi(\psi - \psi_g) + I_y(y - y_g)\\ \delta_r &= K_{\dot\psi}\dot\psi - K_\phi\phi\end{aligned}\right\} \tag{3-20}$$

式中，$y - y_g > 0$ 表示飞机向右偏离了航线。下面以飞机纠正侧向偏离的过程来说明采用式(3-20)控制规律的侧向偏离控制系统工作原理。

图3-17是飞机侧向偏离控制系统修正初始侧向偏离的过程。假定飞机向右偏离原航线，$y - y_g > 0$，由式(3-20)可知 $\delta_a > 0$ 产生滚转力矩 $L < 0$，飞机向左倾斜。此时由于驾驶仪 $\delta_r = -k_\phi\phi > 0$，使飞机左转弯，$\psi$ 逐渐变负，且 $I_\psi\psi < 0$ 的信号逐渐加大，减弱 $I_y y$ 信

号的作用，飞机逐渐改平。飞机水平飞向原航线，如图 3-17 (b)所示。当侧向偏离 y 减小时，$I_\psi\psi$ 信号超过了 $I_y y$ 信号，于是 $I_\psi\psi + I_y y < 0$。在该合成信号作用下飞机向右倾斜，如图 3-17 (c)所示。最终 y、ψ 和 ϕ 都回到零，飞机沿原航线飞行。

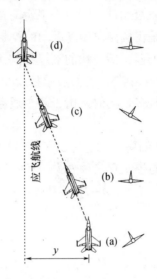

图 3-17　飞机侧向偏离系统修正初始 y_0 的过程

3.5　飞行速度控制系统

飞行速度(马赫数，M)是十分重要的飞机参数。飞机自身质量很大，故飞行速度变化缓慢。加上亚声速飞机的空速有较大的稳定储备，因而驾驶员能及时操纵。此外，在巡航时对速度的稳态精度要求不高，所以早期飞机没有必要自动控制速度。但近 30 年来，随着超声速飞机的出现，空速稳定性下降，有时甚至出现发散的沉浮运动。同时，随着航空事业的发展，机场单位时间内飞机起降数量日增，加上自动着陆技术的发展，都对空速的控制精度提出了严格要求。于是，近年来，空速或马赫数自动控制系统成为现代飞行自动控制系统的一个子系统。

3.5.1　控制速度的作用

(1) 速度控制系统可保证飞机在低动压状态平飞，仍具有速度的稳定性。

假定不计舵面偏转产生的法向力，即 $Z_{\delta_e} = 0$，则纵向运动方程中的法向力方程为

$$Z_V \Delta \overline{V} + (s + Z_\alpha)\Delta\alpha - s\Delta\theta = 0 \tag{3-21}$$

上式可改写为

$$\Delta\dot{\gamma} = Z_V \Delta\overline{V} + Z_\alpha \Delta\alpha \tag{3-22}$$

式中　$\Delta\gamma = \Delta\theta - \Delta\alpha$。

欲保持平飞，则必须使 $\Delta\dot{\gamma} = 0$ 和 $\Delta\gamma = 0$。这样，由式(3-22)得

$$\Delta\alpha = -\frac{Z_V}{Z_\alpha}\Delta V \tag{3-23}$$

上式说明，若速度增大，要保持速度方向不变，必须减小迎角，使升力增量为零。又 $\Delta\gamma = 0$ 要求迎角的改变量等于俯仰角的改变量。当飞行速度增大时，飞机必须低头以减小迎角。这就是驾驶员为保持平飞，当飞机加速时总推驾驶杆使飞机低头的原因。

(2) 速度的控制是航迹控制的必要前提。

前面已介绍，飞机是通过控制角运动来控制航迹的，这里有一个前提，那就是在控制角运动时认为速度不变化，但在低动压时，不能保证这个前提。没有速度控制系统，只通过操纵俯仰角来控制航迹倾斜角 γ，从而控制飞机的航迹是不可能的。

(3) 使飞机进入跨声速飞行时能保持速度稳定。

纵向运动的力矩方程中 $M_V\Delta V$ 表示由于速度变化引起与俯仰角加速度有关的项，一般亚声速时 $M_V > 0$，这意味着，速度增加，飞机抬头。但进入跨声速飞行时，随马赫数提高飞机焦点后移，出现 $M_V < 0$，这时若速度增加，引起下俯力矩使飞机低头，则使速度更快，导致速度不稳定，出现长周期发散运动。因此要采用马赫数自动配平系统或速度控制系统稳定飞行速度。

3.5.2　速度控制系统的基本方案

纵向运动的控制变量有两个，一是升降舵(或全动尾翼)，另一个是油门杆。单独操纵升降舵，俯仰角和空速都发生明显变化。单独操纵油门杆，空速变化不大，而俯仰角和航迹倾斜角将明显变化。同时操纵升降舵和油门杆时，俯仰角与空速均可达到希望值。由此可见，控制速度有以下几种方案。

1. 控制升降舵偏角

通过控制升降舵，改变俯仰角来控制速度。此方案的物理实质是：升降舵改变俯仰角，改变重力在飞行速度方向上的投影，引起飞行加速度变化，从而控制了速度，原理方块图如图 3-18 所示。由图可见，俯仰角自动控制系统是内回路，增加了空速传感器。与高度自动控制系统相似，与俯仰角有关的信号起改善系统稳定性的作用。将空速传感器换成马赫数测量元件，可实现马赫数的自动控制。由于此方案中油门杆不操纵，调速范围受到限制。

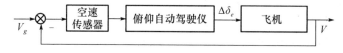

图 3-18　用升降舵控制速度的方案

2. 控制油门位移

通过控制油门大小，改变发动机推力以控制速度。这种系统称为油门自动控制系统或自动油门系统。系统的方块图如图 3-19 所示。图中飞机与自动驾驶仪用虚线连接，没标明具体感受的变量，可以是高度也可以是俯仰角。由于自动驾驶仪在工作，所以与单独操纵油门杆的结果不同，并且自动驾驶仪感受变量不同，结果也不同。如果感受高度，即自动驾驶仪推力改变时，迎角及航迹倾斜角会发生变化，飞机高度会变化，即推力增量不是全部对空速起作用。

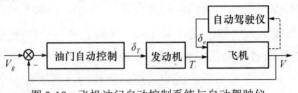

图 3-19 飞机油门自动控制系统与自动驾驶仪

3. 速度与俯仰角的解耦控制

该方案的目的是互不干扰地控制俯仰角和速度，即解耦控制。前两种方案，速度变化则俯仰角必定变化，这是飞机自身动力学存在的耦合所决定的。要实现解耦，必须在油门自动控制器与自动驾驶仪之间增加交联信号，如图 3-20 所示。应指出，达到全解耦是很困难的，目前应用的是部分解耦方案。

图 3-20 速度与俯仰角运动的解耦方案

3.5.3 飞行指引系统

飞行指引系统(FDS)广泛用于当前各种型号的飞机。它是一种半自动飞行仪表系统，是机上各种导航系统的终端处理及显示系统，它接收飞机上航向姿态系统、导航系统、大气数据计算机系统等设备输出的信息，除向驾驶员提供连续的常规的飞行姿态(俯仰、倾斜、航向)及航道、下滑等导航位置显示外，还可给驾驶员提供经过逻辑处理与综合计算得到的操纵飞机所需的操纵指令，使驾驶员在巡航、着陆、进场飞行时，可根据指引仪表显示的操纵指令，方便、准确地操纵飞机，使飞机准确地切入或保持在希望的航迹上。而当飞行指引系统与自动飞行控制系统耦合，即飞行指引系统与飞行控制系统交联使用时，利用飞行指引系统可以监控自动飞行控制系统工作正常与否。飞行指引系统是夜间或复杂气象条件下飞行的必要设备。

不同型号的飞行指引系统组成略有不同。通常，飞行指引系统由指引计算机、指引指示器、指引放大器、指引操纵台、指引状态显示器等部件组成。

飞行指引系统型号的不同，其功能也略有不同，飞行指引系统具有以下三大功能：显示、指令、监控警告功能。

(1) 显示功能。飞行指引系统的指引显示器可显示飞机俯仰、倾斜姿态角、下滑误差、转弯速率和侧滑等状态提供驾驶员判读。

(2) 指令功能。飞行指引系统的指引指示器显示飞机俯仰、倾斜操纵指令。驾驶员根据操纵指令操纵飞机，使飞机准确地切入并保持在希望的飞行航迹上。

(3) 监控告警功能。飞机指引系统的指引指示器可显示指引计算机旗、陀螺旗、下滑旗等告警信号。当飞行指引系统与自动飞行控制系统耦合(指飞行指引系统与自动飞行控制系统交联使用)时，驾驶员可以利用指引指示器的指令指针的移动与驾驶杆的移动来监控飞行控制系统工作是否正常。

飞行指引系统有指引方式和监控方式两种工作方式。

(1) 指引方式。指引方式即飞行指引系统独立工作，此时飞行指引系统接通而自动飞行控制系统不接通，飞行指引计算机不与自动飞行控制系统交联。在飞行中，来自各种信息源和传感器的信号被送入指引计算机，指引计算机按照指引操纵台上由驾驶员设置的飞行指引状态，进行相应的飞行指引控制律计算，产生俯仰和/或倾斜操纵指令信号，然后将这些指令信号送到指引放大器放大，再送给指示器的指令指针进行显示。驾驶员按此指令操纵飞机使飞机指令指针与固定小飞机重合，飞机便处在要求的预定的飞行状态。

(2) 监控方式。监控方式指飞行指引系统与自动飞行控制系统均接通工作，此时飞行指引计算机与自动飞行控制系统信号交联。在飞行中，来自各种信号源和传感器的信号被送入自动飞行控制系统，飞行控制计算机按照驾驶员设置的飞行状态，进行相应的控制律计算后产生俯仰和/或倾斜稳定及控制信号，然后一方面将这些信号送给自动飞行控制系统的执行机构——串、并联舵机，自动控制飞机到期望的飞行航线上；另一方面将这些信号送给飞行指引系统经指引放大器放大后驱动指引指示器的指令指针。驾驶员通过观察指引指示器指针的移动及驾驶杆的运动方向来判断自动飞行控制系统工作是否正常。

复习思考题

1. 对比说明比例式、积分式和均衡式三种姿态控制规律的特点。
2. 分析说明协调转弯的条件，在协调转弯中，需要控制哪些舵面？为什么？
3. 说明高度稳定系统的基本原理，并分析俯仰角信号的作用。
4. 实现侧向偏离自动控制有哪几种可能方案？
5. 为什么油门杆速度自动控制系统一般都采用积分式控制规律？

第4章 现代飞行控制技术

飞行控制系统在经历了机械操纵、电气机械混合操纵(控制增稳系统)及电传操纵系统之后，逐步向主动控制系统发展。一方面应归功于飞机气动力学的新进展，另一方面应归功于先进控制理论及计算机技术的迅猛发展。随着主动控制技术的发展，飞行控制和推力、武器投放、导航系统以及航空电子系统的综合也为系统性能的优化提供了有效途径。

4.1 主动控制技术

在传统的飞机总体布局设计时，主要是考虑飞机的气动力、结构和发动机三大因素，并为了满足飞机的战术技术要求，往往要对这三大因素进行折中。也就是为了达到某一方面的性能要求，必须在其他方面做出让步或牺牲。另外，这种飞机本身必须是稳定的，这就限制了飞机性能的提高。比如，为了提高传统飞机的机动性，就要提高飞机的升力，这只能通过增加机翼和水平尾翼的面积来实现，这将导致飞机的质量和阻力的增加，进而要求用大推重比的发动机，以便增加推力，那么发动机的质量就会增加，结果使飞机的质量进一步增加，反过来又影响了飞机的升限和机动性，也就限制了飞机性能的提高。

为了解决飞机设计时所遇到的上述问题，20世纪60年代，在飞机设计中采用了随控布局的总体设计思想。该思想是将飞机的飞行控制、气动布局、结构和动力装置作为飞机设计的四个主要环节。主动控制技术和随后发展的综合控制、战术飞行管理又是飞行控制的主要环节。

传统飞机的飞行控制系统，其作用只是对飞机的性能提供部分的改善，以及辅助驾驶员对飞机进行姿态和航迹控制，飞行控制系统对飞机的构型设计无直接的影响，处于被动地位。在飞机设计的开始阶段就考虑飞机的控制，也就是在飞机设计初期就考虑飞机在各种飞行状态下，通过飞行控制系统使作用在飞机上的气动力按照需要变化，从而使飞机的飞行性能达到最佳，这就是人们常称的主动控制技术。

主动控制技术首先是在美国发展起来的。在20世纪60年代的中期，美国提出了要发展机动性能好的"空中优势"战斗机的计划，以使战斗机的机动性有更大的提高和改善。在20世纪50年代，现代控制理论和计算机技术的发展，为主动控制技术的发展和应用奠定了基础。由于空气动力学的发展，出现了许多新的飞机气动布局方案，并进行了大量的试验，使得人们对这些新布局的气动特性有了较为深入的认识，也为主动控制技术的发展创造了条件。在20世纪70年代末，主动控制技术开始广泛应用于生产型飞机。如美国的F-16A/B、F-16C/D、F-18、B777，瑞典的JAS-39，欧洲共同体的A320等飞机上都应用了主动控制技术。

主动控制技术有以下七个方面的内容：

(1) 放宽静稳定性 (Relaxed Static Stability，RSS)；

(2) 直接力控制 (Direct Force Control，DFC)；

(3) 边界控制 (Boundary Control，BC)；

(4) 阵风载荷减缓 (Gust Load Alleviation，GLA)；

(5) 机动载荷控制 (Maneuvering Load Control，MIC)；

(6) 乘坐品质控制 (Ride Quality Control，RQC)；

(7) 颤振模态控制 (Flutter Mode Control，FMC)。

采用主动控制技术的飞机具有以下特点：

(1) 飞机本身是放宽静稳定性的或本身是不稳定的，需要通过控制增稳实现人工稳定和保证飞机具有期望的飞行品质。

(2) 电传操纵系统是实现主动控制的基础，因此，都采用电传操纵系统。

(3) 主动控制飞机除了常规操纵舵面外，还常常使用一些辅助操纵舵面，如鸭翼、前缘襟翼、襟翼、扰流片、推力矢量，并且任何一个操纵舵面都不是单独使用的，而是综合使用的。

(4) 拥有新型综合仪表系统，以使驾驶员掌握了解飞机在进行非常规机动时的情况。

4.1.1 放宽静稳定性

所谓放宽静稳定性是指对飞机静稳定性的限制放宽了。它是主动控制技术中最重要的内容。实践已经证明，放宽静稳定性对飞机的性能提高极为有利。飞机的静稳定性分为纵向静稳定性和横侧向静稳定性，由于纵向放宽静稳定性应用较多，这里主要讨论纵向放宽静稳定的问题。

在飞机设计时，要求飞机具有足够的纵向静稳定性和操纵性，纵向静稳定性太大会导致操纵费力，不灵敏，机动性差；纵向静稳定性太小又会使操纵过于灵敏，飞机难以控制。

飞机的质心和气动焦点的相对位置对飞机的纵向静稳定性和操纵性具有较大的影响。对于常规飞机，飞机的质心位于气动焦点的前面，且保持一定的距离，即有一定的静稳定余度。对于放宽静稳定性的飞机，飞机的质心位置可以靠近气动焦点，甚至与气动焦点重合或位于气动焦点之后，即是中性稳定的或是不稳定的。

常规飞机往往设计成是静稳定的，即飞机的质心位于气动焦点之前，且质心的后限在焦点之前某一最小距离处，如图 4-1(a)所示。飞机在超声速时，其气动焦点的位置向后移，如图 4-1(b)所示。

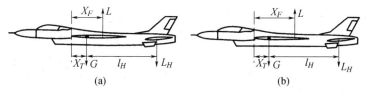

图 4-1　常规飞机的气动焦点与质心的相对位置

常规飞机在水平飞行时，为了使飞机配平，全动平尾的后缘向上，产生负升力 L_H，则有平衡方程

$$\left.\begin{array}{l} L = G + L_H \\ \left(X_F - X_T\right)L + L_H \cdot l_H = 0 \end{array}\right\} \tag{4-1}$$

由式(4-1)可知，飞机在配平时会出现升致阻力增加、全动平尾可用偏度不够等现象，将导致飞机机动性能下降。

(1) 升力的增加，导致升致阻力的增加。为了获得更大的升力 L，必须增大全动平尾的偏度 δ_e，以增大 L_H，从而增大了配平阻力，使巡航时发动机的消耗增大。

(2) 超声速飞行时焦点后移，导致升致阻力的增加。飞机超声速飞行时，焦点的位置会出现后移，即 X_F 增大，配平所需的 L_H 变大，导致配平阻力增大，又使飞机的升致阻力增加。

(3) 全动平尾偏度有限，使得纵向机动时可用偏度不足，导致飞机机动性能变坏。由于全动平尾偏度是有限的，在配平时需要全动平尾的后缘上偏，从而减小了用于爬高机动的可用全动平尾的偏度，使飞机的机动性能变坏。尤其是平尾偏度随着高度的增加而增加，在升限时，平尾偏度几乎达到极限值，如果要保证平尾的可用偏度，就要增大平尾的面积，这样将会带来质量的增加和阻力的增大，使飞机的机动性变差。

(4) 配平时的升力须克服平尾的负升力，使升力下降，导致机动性变差。在配平时，有一部分升力必须克服平尾产生的负升力，才能使飞机保持平飞状态，若要保证飞机具有一定的机动能力，则要求机翼能够产生更大的升力，需要增大迎角和机翼的面积，使得飞机的阻力增大，机动性能变坏。

由此可见，由于常规飞机对静稳定性的苛刻要求，使飞机的机动性能难以提高。如果飞机按放宽静稳定性设计，将会较好地解决上述问题。也就是将飞机的质心与焦点之间的距离设计得比较近，甚至设计成在亚声速时是静不稳定的。飞机亚声速飞行和超声速飞行时的气动焦点与质心的相对位置分别如图 4-2(a)、(b)所示。

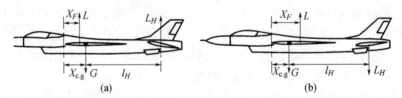

图 4-2　放宽静稳定性飞机的气动焦点与质心的相对位置

那么，由图 4-2(a)可见，飞机水平飞行配平则需要平尾后缘下偏，有平衡方程

$$\left.\begin{array}{l} L + L_H = G \\ \left(X_F - X_{c.g}\right)L + L_H \cdot l_H = 0 \end{array}\right\} \tag{4-2}$$

由式(4-2)可知，飞机在配平时能够使阻力减小、有用升力增加、减轻飞机的质量，能够明显地提高飞机的机动性。

(1) 阻力减小能使飞机加速度、飞机爬升率、飞机的容许升限和有效航程增大。飞机

在平飞时，飞机的加速度取决于发动机的剩余推力 $\Delta T = T - D$，当在发动机推力一定时，阻力 D 减小，可提高平飞加速性能。从飞机的爬升率 $\mathrm{d}H/\mathrm{d}t = V\Delta T/G$ 可知，由于剩余推力 ΔT 增大，爬升率 $\mathrm{d}H/\mathrm{d}t$ 增大。飞机的升限是指发动机推力等于阻力时所能达到的最大高度，那么，在相同的发动机条件下，阻力减小，飞机的升限增大。又由于阻力的减小，燃油的消耗降低，有效航程则增大。

(2) 有用升力增加。由于放宽静稳定性的飞机配平时平尾升力为正升力，其结果是增加了全机的升力，使得升力系数的最大值增加，升力线斜率增大；另外，在同一总升力系数下，静不稳定对所需的迎角减小，进而使升致阻力减小。

(3) 飞机的机动性能提高。对于放宽静稳定性的飞机，由于飞机亚声速飞行时气动焦点在质心之前，超声速时在质心之后，气动焦点与质心之间的距离极大值减小，在平尾面积相同时，平尾的配平及操纵能力提高了，由此可控制飞机产生较大的迎角和升力。由于有用升力的增加，使飞机的机动性能提高。这主要表现在增大了飞机的过载能力，提高了飞机的转弯角速度，降低了飞机的转弯半径。因为飞机的法向过载 $n_z = L/G$，由于 L 增大，G 降低，则 n_z 增大，n_z 的大小直接与飞机爬升、下降及俯仰拉起的快慢有关。由于转弯角速度 $\dot\psi = g\sqrt{n_z^2 - 1}/V$，转弯半径 $R = V^2/\left(g\sqrt{n_z^2 - 1}\right)$，当 n_z 增大，$\dot\psi$ 增大，R 减小。

(4) 减轻飞机的质量。放宽静稳定性飞机配平时，平尾只需提供较小的正升力和较小的低头力矩，可减小平尾的面积，其质量也就随之减小；另外，由于飞机的质心后移，可减小前机身的长度，从而降低了飞机的总质量。

4.1.2　直接力控制

对于常规飞机航迹的改变是建立在力和力矩或航迹与姿态运动耦合基础上的。要产生改变航迹的气动力，需通过气动操纵面的偏转产生力矩，进而改变飞机的姿态，引起迎角或侧滑角变化来实现的。这种操纵常称为"力矩操纵"或"间接升力操纵"，具有升力、侧力的建立和航迹的改变比较慢，当飞机需要进行较大的机动时要求操纵舵面的偏度较大，飞机的转动运动与平移运动耦合强烈使飞机快速跟踪轨迹的能力降低等缺点。

直接力是指直接产生改变飞行轨迹的力。它是直接对作用于飞机的力产生影响，消除力与力矩的耦合，以消除轨迹运动和姿态运动的耦合，从而缩短操纵到轨迹改变的时间滞后。

飞机直接力控制分为用以改变垂直速度或高度的直接升力控制、用以改变侧移速度和侧向位移的直接侧力控制、用以改变飞行速度的直接阻力和推力控制。

1. 直接升力控制

直接升力控制是控制飞机在纵向平面内的运动。产生直接升力的方法是运用不同的控制面的配合来实现的，如水平鸭翼与升降舵配合，当两者向同一方向偏转，产生的升力方向一致，而各自产生的纵向力矩则可以抵消，从而实现直接升力的控制；机动襟翼和升降舵配合，机动襟翼产生可控制的升力，该升力引起的纵向力矩由偏转升降舵来配平；机动襟翼和水平鸭翼配合，机动襟翼产生可控制的升力，其引起的纵向力矩由水平鸭翼来配平；扰流片与水平鸭翼配合，扰流片改变机翼的升力，升力变化引起的纵向力矩由水平鸭翼来配平；推力矢量控制，可直接产生可控的升力。

但是，对上述各控制面有以下要求。控制面应能引起正的和负的升力变化，这样才能在两个方向上修正轨迹偏差；合成的升力作用点必须在飞机质心附近；控制面必须快速可调。

从直接升力控制的目的来看，直接升力的作用点只要选在飞机质心处，就不会对飞机质心产生力矩，实际上并非如此简单，而是直接升力的作用点与不同的飞行模态有关。所谓飞行模态是指飞机飞行状态的控制，有别于飞机扰动运动的长周期与短周期运动模态。

1) 单纯直接升力的控制

单纯直接升力控制是指飞机的迎角保持不变，俯仰角速度与爬升角速率近似相等，即 $\Delta\alpha = 0$，$\Delta\gamma = \Delta\theta$，如图 4-3 所示。

图 4-3　单纯直接升力控制

由于单纯直接升力控制，使俯仰拉起无需迎角的改变，高度损失最小，所以这种非常规的机动动作适合于飞机俯仰姿态的修正、对地攻击后的快速拉起，同时能够改善飞机在爬升或下滑过程中的航迹控制精度。该机动动作又称直接爬升。

2) 机身俯仰指向的控制

机身俯仰指向控制是指爬升角保持不变，$\Delta\gamma = 0$，所以 $\Delta\alpha = \Delta\theta$，即仅改变迎角和俯仰角，如图 4-4 所示。

图 4-4　俯仰指向控制

要实现该模态，直接升力作用点需选在气动焦点上，这样对飞机质心产生负力矩，使飞机低头产生负迎角，而产生负的升力增量，与正的升力正好抵消。操纵直接升力的效果只是改变俯仰角。如果加上不去稳定俯仰角的定高控制，则飞机质心轨迹可保持水平，而俯仰角可在一定范围内任意选择。这种非常规机动方式，在机头下俯时，有利于对地连续攻击；当机头上仰时，扩大了对纵向空中目标的攻击范围，机头大约可上仰 $3° \sim 4°$。

3) 垂直平移的控制

垂直平移控制是指飞机俯仰角保持不变，$\Delta\theta = 0$，所以 $\Delta\alpha = -\Delta\gamma$，即仅控制飞机的垂直速度，如图 4-5 所示。

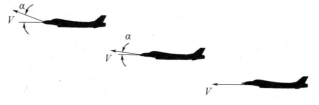

图 4-5　垂直平移控制

要实现该模态，需把直接升力作用点选在飞机气动焦点上，并且加上稳定俯仰角的控制。此时，在直接升力控制下，直接升力引起垂直向上加速度，经过一定的过渡过程后，直接升力引起向上垂直速度和俯仰角增量，并产生负升力与正升力相抵消。如果在该过程中，通过控制适当的操纵面产生抬头力矩，则可保持飞机俯仰角不变。此模态可用于对空中目标的瞄准，以及用于在编队飞行中飞机间高低位置的调整。

2. 直接侧力控制

直接侧力控制就是通过直接改变侧力来控制侧向轨迹。对于常规飞机要使飞机转弯，驾驶员侧压杆使副翼偏转，飞机出现滚转，待升力向量发生倾斜后，出现水平分力，才能使飞机改变航向。与此同时，为了在垂直方向上有足够的升力分量来平衡重力，使飞机不掉高度，驾驶员还要适当地带杆。如果要求不带侧滑的协调转弯，驾驶员还需用脚蹬操纵方向舵，以消除侧滑。

从飞行性能的要求来看，常规转弯能够取得较大的转弯角速率，但是必须付出较长的时间滞后作为代价。若要求在短时间内改变航迹，或为了严格沿给定航迹飞行而需要修正偏差，使用直接侧力控制可大大缩短时间滞后。这就要求在飞机上安装直接侧力控制面，并使副翼和方向舵配合侧力控制面的偏转而作相应的偏转，以达到只产生侧力而不产生滚转力矩和偏航力矩的目的。

与直接升力控制相似，直接侧力的作用点也可根据不同模态的需要来确定。

1) 单纯直接侧力的控制

单纯直接侧力控制是指飞机的侧滑角保持不变，偏航角速度与航迹方位角速率近似相等。单纯直接侧力控制，可以消除在跟踪地面目标过程中，为修正航向偏差和瞄准偏差而出现的横滚摇摆现象，对地投弹时能显著地提高驾驶员瞄准目标的能力；在攻击空中目标时，可提高飞机的反应速度和改善瞄准精度。

2) 机身偏航指向的控制

机身偏航指向是指在不改变航迹方位角的情况下，控制飞机的偏航姿态，即 $\Delta\chi=0$，$\Delta\chi=-\Delta\beta$，如图 4-6 所示。此时，要求直接侧力作用点处于飞机侧向气动焦点上，由于飞机具有航向的随遇平衡特性，虽然飞机不一定能保持给定航向，但可以通过修正来保持。

图 4-6　机身偏航指向控制

机身偏航指向这种机动方式在对空对地攻击中，可扩大攻击范围。一般偏航指向可使机头左右偏转5°。

3) 侧向平移的控制

所谓侧向平移是指在不改变航向的条件下，控制飞机的侧向速度，即 $\Delta\psi=0$，$\Delta\chi=-\Delta\beta$，如图4-7所示。此时，只要将直接侧力作用点处于飞机侧向气动焦点上，并进行偏航角稳定控制，使 $\Delta\psi=0$，即可实现飞机的侧向平移控制。该模态主要用于空中加油和编队飞行时航向的小位移修正。

图4-7　侧向平移控制

4.1.3　边界控制系统

边界控制是指对飞机的一些重要状态变量的边界值进行控制。控制目的是减轻驾驶员的工作负担，实现"无忧"操纵，保证飞机安全和实现飞机的作战性能。飞机具有"无忧"操纵功能能给战斗机驾驶员提供被视为绝对需要的机会，在紧张的战斗中，可使驾驶员从保证飞机安全操纵中解脱出来，在不要求额外驾驶技巧的情况下，充分利用飞机的性能。如有些飞机具有迎角限制器，在正常情况下，它起作用，限制迎角不超过给定值；在特殊情况下，可以超过限制，进行大机动。

从以下情况来看需要边界控制。

(1) 防止飞机失去控制需要边界控制。当飞机的迎角超过最大升力迎角时，将会引起飞机的失速和尾旋，并有可能引起飞机横侧向不稳定。对于静不稳定飞机，当最大平尾偏度引起低头力矩不足以抵消大迎角带来的上仰力矩时，电传操纵系统将失去静稳定的补偿作用。当飞机的飞行速度达到一定量后，将会引起机翼弹性模态阻尼降低，导致飞机伺服弹性颤振。因此，为防止飞机失去控制，主要的边界控制是对迎角、侧滑角和空速的限制。

(2) 防止飞机结构应力过大需要边界控制。飞机过载过大，会造成飞机部件的应力疲劳，甚至断裂。因此，为防止飞机结构应力过大，主要的边界控制是对过载和滚转角速度的限制。

(3) 防止驾驶员耐力不足和超出生理适应能力需要边界控制。这主要是过载大小和过载变化率的限制。

从飞机能达到的飞行性能与飞行安全的关系角度来看，边界控制实际是飞行包线的限制。

为了使飞机既发挥出应有的性能，又同时保证飞行安全，因此，边界控制包括限制包线边界控制和极限包线边界控制。限制包线边界控制可保证飞机在大多数飞行作战任务中的安全和高效。在应急情况下允许驾驶员超出限制包线的限制，后果是可能发生机体某些部位的永久性形变，但是绝对不能超过极限包线边界控制的控制范围，若超过后果将是飞机失事。

在飞机许多参数的边界限制中，过载及迎角的限制最为重要，且实现的方法很多。其基本的方案是利用不同的手段控制飞机相应参数的时间响应历程，使其在给定的范围内。在电传操纵系统没有问世前，飞机的过载边界限制是通过杆力机构和调效机构配合实现的。在飞机定常水平飞行时，驾驶员通过调效机构适当地偏转全动水平尾翼使飞机配平，消除了杆力。当驾驶员操纵驾驶杆使飞机的过载超过了限定值后，驾驶仪控制断开调效机构，破坏原配平状态，通过杆力感觉器把力施加于驾驶杆上。其效果是使杆力加重，警告驾驶员飞机的过载已经超过限制值了；如果驾驶员施加在驾驶杆上的力小于感觉器弹簧的压缩力，必定会使驾驶杆向回位方向运动，水平尾翼出现回舵，使飞机的过载减少。

在电传操纵系统问世初期，对飞机参数的限制采用告警的方式，即当某个参数超过设定的边界值时，系统以声音或灯光的方式提醒驾驶员，由驾驶员采取措施加以限制。随着现代电传操纵系统发展，出现了使用飞行控制系统前馈和反馈、使用适当的非线性控制技术、模型跟踪技术等方法来实现。

在常用的 g 指令响应型的电传操纵系统中，对法向过载边界限制的基本方法是，在杆力输入的前馈通道中加入指令限幅器，如图 4-8 所示。在稳态时，该系统的主反馈仅为过载量 n_z。在综合点的输入信号代表指令信号的稳态过载，故在该信号之前所加入的限幅器即为过载限制器。其正负过载的限幅值可依据所允许的大小加以确定。

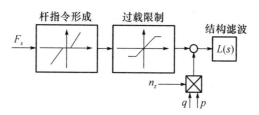

图 4-8　前馈通道中的指令限幅器

依据 $n_z = VZ_\alpha\alpha/g$ 对过载可以加以限制的同时，对迎角也加以了限制，但是事实并非如此。因为，飞机的速度高时，VZ_α/g 较大，当 n_z 被限制时，迎角 α 不一定大，不会超过允许迎角；当飞机的速度较低时，$-VZ_\alpha/g$ 较大，当 n_z 被限制时，迎角 α 不一定小，有可能已经超过了允许迎角。因此，迎角的边界限制需采用专门的闭环系统对迎角进行限制，并在电传操纵系统中加入适当的迎角限制器。

4.1.4　机动载荷控制

机动载荷控制就是根据飞机的机动状态，主动调节飞机机翼上的载荷分布，从而达到所要求的性能。大型飞机和小型飞机对机动载荷控制的要求有所不同。

对于大型飞机(运输机、轰炸机等)而言，其机翼的面积较大，机翼承受的载荷大，在 1g 的过载下巡航，机翼根部会承受一定的弯矩。当进行机动时，机翼所承受的载荷增加，机翼根部的弯矩随之增大。因此，对于大型飞机的机动载荷控制是重新分布机翼的升力，在保持总升力不变的情况下，使机翼的升力向翼根处集中，以减小其合成的升力对翼根的力臂，达到减小翼根弯矩的目的。并且，在相同的安全系数下，减轻机翼的质量。

实现大型飞机的升力向翼根靠近的方法有以下几种：

(1) 对称向上偏转外侧副翼，使机翼外侧的升力减小。

(2) 后缘襟翼向下偏转，使机翼内侧升力增加。

(3) 外侧副翼与内侧后缘襟翼综合运动，即副翼对称向上偏转，襟翼同时向下偏转。

(4) 采用翼尖副翼对称向上偏转。

(5) 利用其他辅助操纵翼面，如扰流片、前缘机动襟翼等。

对于小型飞机而言，机动载荷控制的目的是增大机翼的升阻比，以增强飞机的机动能力，提高飞机的作战效率。提高飞机的升阻比可以采取多种方式，如放宽静稳定性，但采用机翼变弯度控制是一种有效的方式。所谓机翼变弯度控制，就是利用前缘襟翼与后缘襟翼的偏转，改变机翼剖面的弯度，使其弯度随飞行速度的改变而改变，保证飞机在机动时，升力呈椭圆型分布，如图 4-9 所示。另外，也可通过改变翼型的厚度，或者在机身上安装可收放的大后掠附加机翼。

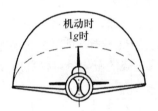

图 4-9　升力的分布

4.1.5　主动颤振抑制系统

实际的飞机是个弹性体，在飞行中空气动力的作用下，机身、机翼将会产生弹性形变，导致结构气动的弹性振动。在正常情况下，结构阻尼及空气阻尼能使弹性振动很快衰减，仅保持静态弹性形变。弹性形变的形式有弹性弯曲形变和弹性扭曲形变两种。通常这两种弹性形变的频率和阻尼随飞行速度的变化而变化，并不耦合。不管哪种弹性振动，其结果都是产生附加升力，并起阻尼作用。但是，随着飞行速度的增加，两种弹性振动的频率将接近，并趋于相同，形成耦合效应。当两种弹性振动的相位差为零时，各自产生阻尼，使形变衰减；当相位差为 90° 时，则产生耦合激励，在弯曲形变的结点处，扭曲形变最大，此时扭曲形变产生的附加升力与弯曲形变运动的方向一致，进一步增强了弯曲形变运动，进而产生谐振。

结构气动弹性振动引起的耦合使形变振动的幅度达到危险程度时，这种结构气动振动称为颤振。使结构气动弹性体发生临界颤振的速度称为临界颤振速度。

在过去，常规抑制颤振的方法是将结构加粗、加重、改变材料、增大刚度、改变外挂物的位置等，这将影响飞机的性能。现代的方法是采用人工阻尼来实现颤振的主动抑制。即在机翼上安装适当的操纵面，并协调偏转这些操纵面产生气动力，以抵消由于弹性振动产生的气动力。采取这种方法可以有效地抑制颤振，减轻飞机的质量，提供足够的临界颤振速度裕量。

4.2 综合控制与飞行管理

综合控制是以各相对独立或视为独立的分系统组成的整个系统为对象，进行优化设计，将原来孤立的但有关系的部分组成特定作用的整体，获得比原孤立系统更好的性能。为达到上述综合控制目的的系统称为综合控制系统。综合控制系统有综合飞行／火力控制系统(Integrated Flight / Fire Control，IFFC)、综合飞行／推进控制系统(Integrated Flight / Propulsion Control，IFPC)、综合飞行／火力／推进控制系统(Integrated Flight / Fire / Propulsion Control，IFFPC)和战术任务飞行管理系统(TMFM)，它们都是主动控制技术发展的必然趋势。

4.2.1 综合飞行火力控制系统

IFFC 技术是美国在 20 世纪 70 年代中期提出的航空新技术。它以飞机的主动控制技术为基础，通过飞行火力耦合器将能解耦的飞行控制系统和火控系统综合成一个闭环武器自动投放系统。

IFFC 系统的原理结构图如图 4-10 所示。它由目标与攻击机的相对位置、运动信息监测装置、目标状态估计器、飞行控制系统、火力控制系统、飞行／火力耦合器和超控耦合器等组成。其核心是具有飞行控制和火力控制规律的数字计算机。

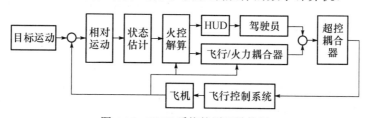

图 4-10　IFFC 系统的原理结构图

IFFC 系统的工作原理是根据光电跟踪器、角跟踪雷达及目标状态估计器提供的攻击机与目标的相对运动信息，以及攻击机传感器提供的自身状态信息，火力控制系统精确预测目标未来的位置，自动生成投放(或发射)点和达到投放(或发射)点前的飞行轨迹。所生成的攻击机运动轨迹信号通过平显为驾驶员提供操纵和状态显示，同时送入飞行／火力耦合器形成控制指令，输入飞行控制系统，操纵飞机跟踪目标进行自动攻击。由此，驾驶员只起监控作用；也可由驾驶员按照平显提供的飞行轨迹操纵飞机飞行，引导飞机到达武器投放点(或发射点)，当显示飞机与投放(或发射)点重合时，即可自动(或由驾驶仪)投放武器。

目标状态估计器是 IFFC 系统的重要部分。它的作用是根据机载雷达提供的目标信息和攻击机自身传感器提供的信息，精确地估计出目标的位置、速度和加速度等目标参数，解决攻击机仅通过机载传感器无法直接测量出目标参数的问题。对目标参数的估计精度直接取决于目标状态估计器的解算精度，影响武器投放的命中率。

综合飞行／火力控制系统要求飞行控制系统的控制律具有去耦直接力和武器瞄准特征的特定任务多模态控制律。如正常模态、空空射击模态、空地射击模态和空地轰炸模态。每种模态又分标准控制和解耦控制。

正常模态适用于整个飞行包线，主要满足飞机巡航、进场着陆和起飞时具有良好的操纵品质要求；在空中编队飞行和空中加油时，提供阵风减缓和减轻驾驶员的工作负担。

空空射击模态和空地射击模态要求对目标截获和准确跟踪时的快速机动，以及对武器系统的精确控制，以满足射击精度要求。

空地轰炸模态要求飞机具有对速度向量的精确控制，以及可改善飞行轨迹的阵风减缓和响应，以利于轰炸瞄准和可采用能提高飞机生存能力的有效控制策略。

所有的标准控制均采用直接力控制，以提高阵风减缓能力和快速反应能力。解耦控制有机身指向、直接力和平移三种方式供选择。机身指向用于精确姿态控制；直接力和平移控制均可用于飞行轨迹的精确控制。

4.2.2　综合飞行推进控制系统

综合飞行／推进控制技术就是把飞机与推进系统综合考虑，在整个飞行包线内最大限度地满足飞行任务的要求，以适应推力管理，提高燃油效率和飞机的机动性，有效地处理飞机与推进系统之间的耦合影响，减轻驾驶员的负担等，从而使系统达到整体性能优化。

飞机与推进系统之间的耦合会使系统产生发散的横向振荡、畸变系数超过限制、不稳定的荷兰滚和长周期振荡，甚至可能发生发动机熄火的故障。这种作用在现代高性能作战飞机上表现尤为明显。主要原因是由于主动控制飞机要求多舵面解耦操纵，以实现直接力、阵风减缓、机动载荷控制、乘坐品质控制及主动颤振抑制等功能，随着变几何进气道、推力矢量和变循环发动机等先进技术的应用，推进系统具有大量的受控参数，使得飞机与推进系统之间附加了强烈的耦合效应，严重地影响飞机和推进系统的性能、稳定性和控制。所以，只有对这些先进的飞行控制和推进控制进行综合设计，克服其不利的耦合作用，利用其有利的耦合作用，才能改善和提高飞机的生存能力和任务的有效性。

综合飞行推进控制技术包含系统功能综合和系统物理综合。系统功能综合是提高飞机武器系统整体性能的有效途径，系统物理综合可以改善系统的有效性和降低系统的全寿命费用。

系统功能综合可以按不同的要求综合。按综合控制模式有失速裕度控制、快速推力调节、格斗、推力矢量、自动油门和性能寻优控制等模式；按飞机使用和性能从任务段分有短距起降、巡航、地形跟随、威胁回避、空中格斗和对地攻击等；按子系统综合有进气道／发动机、机体／进气道、飞机／发动机和飞行／矢量喷管等综合控制。

系统物理综合是系统硬件的布局、软硬件一体化射击、总线通信、资源共享及故障监控和诊断等。

综合飞行推进控制的设计思想有子系统间信息共享和控制的动态综合两种。一般带推力矢量的综合飞行推进控制系统的原理图如图 4-11 所示。

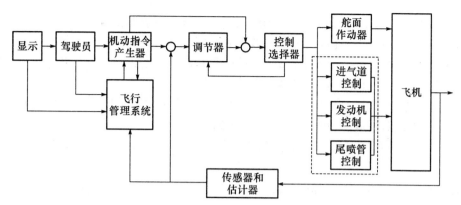

图 4-11 带推力矢量的综合飞行推进控制系统

该综合系统是递阶和分布式系统。其中，机动指令产生器的功能是把驾驶员指令或飞行管理提供的信息转换为飞行指令，产生希望的飞机过渡过程响应。控制器计算出跟踪期望轨迹所需要的控制量，并对计算出的输出反馈进行优化。控制选择器输出按一定控制逻辑构成的执行指令，使各气动面、进气道、发动机和尾喷管协调匹配，获得最佳性能。

4.2.3 综合飞行/火力/推进控制与战术任务飞行管理

综合飞行/火力/推进控制与战术任务飞行管理技术是满足未来战斗机性能特性和战术特性要求的核心技术之一。

在性能方面，要求攻击机是多用途战斗机，可携带多种用途的武器和大的载弹量，既有良好的空空战斗能力，又有良好的空地战斗能力；在发动机处于非加力状态下，可进行超声速巡航，并具有超声速突防和超视距攻击的能力；具有高亚声速和超声速的机动能力；采用推力矢量控制，具有大迎角机动能力；具有隐身能力；具有更大的作战半径。

在战术特性方面，要求攻击机在昼夜及复杂气象条件下，具有超视距攻击各种目标的能力；具有与外界广泛的信息交换能力，能够适应多变的战场情况，利用所需信息完成作战任务。

综合飞行/火力/推进控制技术是在综合飞行/火力控制技术和综合飞行/推进控制技术基础上发展而来的。它是在主动控制技术的基础上，将飞行控制、推进控制、火力控制、导航和航空电子系统进行综合，可大大提高飞机的总体性能。

战术任务飞行管理系统是根据指挥系统提出的战术任务要求，实时感知飞机及有关子系统的状态和战场环境信息，实时进行任务和飞行轨迹的规划，生成导航和制导指令控制飞机所受的力和力矩，使飞机沿要求的轨迹飞行；并对各相关子系统进行控制，以某种最佳方式完成各种战斗任务。

综合飞行/火力/推进控制与战术任务飞行管理系统由综合控制系统和战术任务飞行管理系统组成。战术任务飞行管理系统由以下六个主要模块组成：

(1) 规划策略模块。该模块完成航迹规划的调度管理，定义任务目标以及进行可用的优先级选择，并顺序调度其他模块的执行。

(2) 气象、地形及障碍物规避管理模块。该模块产生规避指令。

(3) 威胁管理模块。完成对当前航线上威胁的识别，并产生相应的指令。

(4) 目标管理模块。完成对作战实体威胁和攻击目标的识别，选择并截获攻击目标，输出攻击目标的相关信息和威胁信息。

(5) 轨迹规划模块。根据气象、威胁、地形和障碍物规避的要求，重新规划飞机的飞行轨迹，根据武器投放的战术预案实时规划攻击轨迹。

(6) 武器投放决策模块。根据地形、气象、威胁及攻击目标状态，完成武器投放战术预案。

综合控制系统由轨迹跟踪控制模块、火控解算模块、超控耦合器模块、飞行控制系统模块、推进控制系统模块和综合显示模块组成。

(1) 轨迹跟踪控制模块。该模块依据闭环控制算法，生成飞行控制系统的输入指令。

(2) 火控解算模块。根据攻击机与目标的相对运动信息，针对选择的待攻击目标，进行火控系统所需指令的解算和目标状态的估计。

(3) 超控耦合器模块。切换自动或手动控制模态，并淡化切换动态过程。

(4) 飞行控制系统模块。根据拟采用的控制分配方案，生成控制舵面、矢量喷管以及推进控制指令。

(5) 推进控制系统模块。根据飞行控制系统发送的指令或飞行操纵指令，控制推进系统的工作状态。

(6) 综合显示模块。在平显和多功能显示器上显示各种信息。

总之，在战术任务飞行管理系统的管理下，通过综合飞行／火力控制系统对飞行控制和火力控制的信息进行综合，在自动机动中实现自动攻击，减轻驾驶员的负担，提高攻击机武器投放效能；通过综合飞行／推进控制系统充分发挥推进系统的效能，优化和协调飞行控制系统与推进控制系统，增强攻击机的飞行性能，满足战术任务飞行管理的需求；综合飞行／火力／推进控制系统与战术任务飞行管理系统实现相对独立的飞行控制与推进控制的协调，以及它们与火力控制系统的需求统一和综合。

复习思考题

1. 放宽静稳定性是怎样提出的？它对飞机的飞行性能有什么影响？
2. 直接力控制的特点是什么？有哪几种直接力控制方式？如何实现直接力控制？
3. 说明飞行/火力控制系统的结构特点及设计方法。

第二篇　航空陀螺仪

第 5 章　陀螺仪概述

陀螺在我国已经有很久的历史了，但直到近百年来，陀螺才得到广泛的应用。用陀螺制成的各种仪器——陀螺仪，已广泛地应用在航空、航海、导弹、人造卫星和宇宙飞船上。飞机上的仪表、雷达和瞄准具等设备中也都用到了陀螺。

5.1　陀螺仪的分类

陀螺仪是感测旋转的一种装置。陀螺仪这一术语的英文为"gyroscope"，它来自希腊文，意思是"旋转指示器"。随着科学技术的发展，人们发现有 100 多种物理现象可以被用来感测物体相对惯性空间的旋转。在此基础上，研制出了许多不同原理和类型的陀螺仪。从工作的机理来看，可以分为两大类：一类是以经典力学为基础的陀螺仪；另一类是以非经典力学为基础的陀螺仪。在工程应用中为简单起见，陀螺仪往往简称为陀螺。

以经典力学为基础的有刚体转子陀螺仪、流体转子陀螺仪、振动陀螺仪和半球谐振子陀螺仪等。刚体转子陀螺仪是把高速旋转的刚体转子支承起来，使之获得转动自由度的一种装置，它可用来测量角位移或角速度。流体转子陀螺仪的转子不是固体材料，而是在特殊容器内按一定速度旋转的流体，它也可用来测量角位移或角速度。振动陀螺仪是利用振动叉旋转时的哥氏加速度效应做成的测量角速度的装置。半球谐振子陀螺仪则是利用振动杯旋转时的哥氏加速度效应做成的测量角位移的装置。

以非经典力学为基础的有激光陀螺仪、光导纤维陀螺仪、压电晶体陀螺仪、粒子陀螺仪和核子共振陀螺仪等。在这些陀螺仪中，没有高速旋转的转子或振动的构件，但它们具有感测旋转的功能。例如，激光陀螺仪实际上是一种环形激光器，环形激光器中正、反两束光的频率差与基座旋转角速度成正比，故它可用来测量角速度。又如，压电晶体陀螺仪实际上是利用晶体压电效应做成的测量角速度的装置；粒子陀螺仪实际上是利用基本粒子的陀螺磁效应做成的测量角速度的装置。

在工程上实际应用的陀螺仪的核心是一个绕自转轴作高速旋转的转子，如在航空陀螺仪表中应用比较广泛的刚体转子式陀螺仪，其核心部分就是一个绕自转轴高速旋转的刚体转子。转子一般采用高比重的金属材料，例如不锈钢、黄铜或钨镍铜合金等，做成空心圆柱体或实心圆柱体。陀螺仪的转子通常采用陀螺电动机驱动，也有采用其他驱动方法，例如高压气体驱动，使之绕自转轴高速旋转，转速达每分钟几千转至几万转。采用陀螺电动机驱动时，陀螺仪的转子实际上就是电动机的转子。

作为刚体转子陀螺仪的基本特征，是它的转子绕自转轴高速旋转而具有一定的角动量，这样才能得到所需的陀螺特性。

为了测量运动物体的角位移或角速度，必须把转子安装在框架上或特殊支承上，使转子相对基座具有三个或两个转动自由度。陀螺仪自由度的数目在工程上有两种分法：按转子所具有的转动自由度的数目或按用于测量的测量轴的数目来分。按转子的转动自由度的数目，可分为三自由度陀螺仪和二自由度陀螺仪，苏联多采用这种分法；按照可用于测量的测量轴的数目，则分为两自由度陀螺仪和单自由度陀螺仪，这种分法多被美、英等国采用。

在实际使用中，根据陀螺万向支架安装的方向不同，三自由度陀螺仪通常又分为两种：一种是将外环轴安装在地垂线方向上，而使自转轴处于水平方向上的陀螺仪，称为航向陀螺仪；另一种是将外环轴水平安装，而使自转轴处于地垂线方向上的陀螺仪，称为垂直陀螺仪。

5.2　陀螺仪的结构

三自由度陀螺仪由转子、内环、外环等构成，如图 5-1 所示。转子借助于自转轴上的一对轴承安装于内环中，内环借助于内环轴上的一对轴承安装于外环中，外环又借助于外环轴上的一对轴承安装在基座上。由内环和外环组成的支架，能保证自转轴在空间任意方向转动，故又称为万向支架。由于万向支架主要是由支承陀螺转子的内环、外环等组成，所以通常称为框架式陀螺。

在这种框架式三自由度陀螺中，自转轴与内环轴垂直且相交，内环轴与外环轴垂直且相交；当这三根轴线相交于一点时，该交点叫做万向支点，它实际上就是陀螺的支承中心。转子由电动或气动装置驱动绕自转轴高速旋转，转子连同内环可绕内环轴转动，转子连同内环和外环又可绕外环轴转动。对转子而言，具有绕自转轴、内环轴和外环轴这三根轴的三个转动自由度。而对自转轴而言，仅具有绕内环轴和外环轴这两根轴的两个转动自由度。

在实际的陀螺仪结构中，内环和外环的材料一般采用铝合金或钢；采用铍合金可使框架的重量轻且刚度大。内环的形状做成方框形或圆柱形薄壁壳体(这种形状的内环俗称陀螺房)。外环的形状做成方框形或钟罩形薄壁壳体。

陀螺仪框架轴上的支承一般用滚珠轴承，目前在航空陀螺仪表中应用较多。但滚珠轴承的摩擦力限制了陀螺仪精度的进一步提高。在惯性导航系统中应用高精度陀螺仪，为了进一步提高陀螺仪的工作精度，还采用了各种无环架的支承方法，主要有动压气浮支承、挠性支承和静电支承三种支承方法，消除环架轴上支承的摩擦。

二自由度陀螺仪是指自转轴具有一个转动自由度的陀螺仪，其基本组成如图 5-2 所示。同三自由度陀螺仪相比，它只有一个框架，故少了一个转动自由度。对转子而言，具有绕自转轴和框架轴这两根轴的两个转动自由度。而对自转轴而言，仅具有绕框架轴这一根轴的一个转动自由度。在实际的陀螺仪结构中，该框架的形状除做成方框形式，也常做成陀螺房形式。

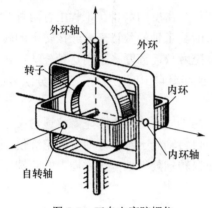

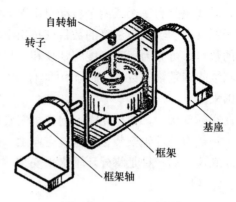

图 5-1　三自由度陀螺仪　　　　　　图 5-2　二自由度陀螺仪

5.3　陀螺仪的应用

在两自由度陀螺仪或单自由度陀螺仪的基础上，附加适当的元件、装置或机构，则可做成各种用途的陀螺仪，通常称为陀螺仪表或陀螺仪器。总的来看，陀螺仪的主要功能是测量运载体(如飞机、导弹、舰船等)的角位移和角速度，此外还能测量运载体的加速度和角加速度。

在航空上，陀螺仪的基本用途是测量飞机的姿态角(俯仰角和倾斜角)、航向角和角速度，因此它成为飞机航行驾驶的重要仪表。飞行自动控制系统例如自动驾驶仪和增稳系统，以及其他机载特种设备例如机载雷达系统、火力控制系统和航空照相系统等，也需要用陀螺仪测量出飞机的这些参数，因此它也是这些系统和设备的重要部件。

在惯性导航和惯性制导系统中，陀螺仪是极其重要的敏感元件。所谓惯性导航，就是通过测量运载体的加速度，经过计算机数学运算，从而确定出运载体的瞬时速度和瞬时位置。所谓惯性制导，则是在得到这些参数的基础上，控制运载体的位置以及速度的大小和方向，从而引导运载体飞向预定的目标。在平台式惯性导航和惯性制导系统中，为使加速度计精确地测量出运载体沿导航坐标系三个轴向的加速度，需要高精度的陀螺仪做成的三轴陀螺稳定平台来安装三个加速度计。

以陀螺仪和加速度计为敏感元件的惯性导航和惯性制导系统，是一种完全自主式的系统。它不依赖外界任何信息，也不向外发射任何能量，具有隐蔽性、全天候和全球导航能力。因此，惯性导航成为现代飞机、大型舰只和核潜艇的一种重要导航手段，而惯性制导则成为地地战术导弹、战略导弹、巡航导弹和运载火箭的一种重要制导方法。

5.4　陀螺仪的发展

对于高速旋转刚体的力学问题，早在 17 世纪中叶至 18 世纪初，牛顿、欧拉、波松、班索和雅可比等学者都作了详细的理论研究，并先后指出这种刚体具有进动性和定轴性。法国科学家傅科于 1852 年称这种刚体为陀螺，并利用它对惯性空间方位稳定的特性，设计和制成了一种最早的陀螺仪，用来观察地球的自转现象。不过，当时仅仅停留在实验室研究阶段。

从 18 世纪中叶到 19 世纪末的 150 年左右的时间里，多次有人提出并设法解决在轮船上应用陀螺仪建立方位基准。但是，一方面由于需要还不十分迫切，另一方面又受到当时技术水平的限制。所以长时间未能制造出可供实际使用的陀螺仪。20 世纪初，由于航海事业的兴起和北极探险的需要，促进了陀螺仪技术的发展；而且，当时异步电动机和滚珠轴承也都达到了一定的水平。安休兹于 1908 年在德国、斯派利于 1911 年在美国，先后各制成一种原理基本相同而结构不同的陀螺罗盘，用来测量轮船的航向。20 世纪初陀螺罗盘的发明和制成，开辟了陀螺仪在工程实际中应用的道路，可以作为陀螺仪技术形成和发展的开端。

陀螺仪在航空上的应用比航海稍晚些。从 20 世纪 20 年代到 30 年代，在飞机上相继使用了陀螺转弯仪、陀螺地平仪和陀螺半罗盘，提供飞机转弯、姿态和航向指示。20 世纪 30 年代中期，在飞机自动驾驶仪中使用了垂直陀螺仪、航向陀螺仪和速率陀螺仪，作为飞机姿态、航向和角速度的敏感元件。从 20 世纪 40 年代到 50 年代，航空陀螺仪表向组合式方向发展，相继出现了陀螺磁罗盘、全姿态组合陀螺仪和陀螺稳定平台。20 世纪 60 年代以后，姿态和航向的显示从原先机械式的发展成为电子式的综合显示，如在平视显示仪中就把姿态和航向等多种信息综合在一起显示，使得飞行员能够直观、形象而迅速地判读出各种信息。

惯性导航和惯性制导所依据的力学原理，最早也可追朔到牛顿定律的提出。但在当时的条件下，并没有人认识到这种力学原理可以用来进行导航定位。另一方面，惯性导航和惯性制导对陀螺仪和加速度计的精度要求极高，例如一般要求陀螺仪的随机漂移率达到 0.01°/h 以至更小，加速度计的分辨率达到 $10^{-5}g$(g 为重力加速度)以至更精，这就需要有极高的设计和工艺水平才能实现。所以，要做出可供实际使用的惯性导航和惯性制导系统，只有在科学技术高度发展的情况下才能办到。正因为如此，牛顿时代之后经过了漫长的岁月，一直到第二次世界大战期间，德国的 V-2 火箭使用陀螺仪和加速度计进行测量和定位，才形成了惯性制导的雏形。虽然受到当时技术和工艺水平的限制，它的导航定位精度还比较低，但这却是惯性制导在工程上开创性的应用。

第二次世界大战以后，在德国惯性制导技术的基础上，美国和苏联都投入大量的人力和物力，开展惯性导航和惯性制导的研制工作。到了 20 世纪 50 年代，由于技术和工艺的进步以及电子计算机的发展，为比较完善的惯性导航和惯性制导系统的工程实现提供了较好的物质条件。当时，美国首先在陀螺仪精度上取得突破，麻省理工学院仪表实验室成功研制了高精度的液浮陀螺仪。1954 年，惯性导航系统在飞机上试飞成功。1958 年，"魟鱼"号潜艇依靠惯性导航系统穿过北极在冰下航行 21 天。随后，各种惯性导航和惯性制导系统得到迅速发展，并大量装备各种飞机、导弹和舰船。20 世纪 60 年代，美国研制出比液浮陀螺仪结构简单的挠性陀螺仪，也在各种惯性导航和惯性制导系统中得到广泛应用。

20 世纪 70 年代，由于科学技术的进一步发展，使平台式惯性导航和惯性制导系统的精度更加提高，功能更趋完善。在这期间，美国还开始研制捷联式惯性导航和惯性制导系统，并很快付诸工程应用。当代计算机技术特别是微型计算机的成就，为捷联式惯性系统提供了快速有效的运算工具；而激光陀螺仪在精度上的突破，以及目前光纤陀螺仪的不断发展，又为捷联式惯性系统提供了比较理想的敏感元件。因此，捷联式惯性导航和惯性制导系统将具有十分广阔的发展和应用前景。

目前，惯性仪表(陀螺仪和加速度计)与惯性系统(惯性导航系统和惯性制导系统)，已经作为一门重要的技术而被称为"惯性技术"。世界各工业强国对此都予以极大重视，很多国家都投入了大量的人力和物力从事这方面的研制工作。

复习思考题

1. 简述三自由度陀螺仪的结构特点。
2. 简述二自由度陀螺仪的结构特点。

第 6 章　三自由度陀螺

三自由度陀螺有两个基本特性：稳定性和进动性。这两个特性的实质，就是陀螺仪有很强的抵抗外界干扰，保持自转轴方向稳定的能力，这是定点转动刚体的力学本质所决定的。

干扰力矩对陀螺仪运动有影响，特别是使陀螺仪产生进动漂移，而影响它的方向稳定性。减小干扰力矩，降低陀螺仪的漂移，是维修陀螺仪表的一项重要工作。

陀螺仪的方位稳定是相对惯性空间而言的，而航空陀螺仪的基座是安装在飞机上的，当地球自转和飞机运动时，将影响陀螺仪相对基座的运动。

6.1　三自由度陀螺的特性

6.1.1　稳定性

三自由度陀螺具有抵抗干扰力矩，力图保持其自转轴相对惯性空间方位稳定的特性，称为陀螺的稳定性。它有两种表现形式：定轴和章动。

若陀螺转子没有自转，当缓慢地转动基座时，由于基座和外环轴之间存在摩擦，将带动外环、内环和转子一起转动。若转子高速旋转后，再转动基座，自转轴将保持空间的初始方向不变，这种现象称为定轴。

若陀螺转子没有自转，当绕外环轴或内环轴作用一个冲击力矩时，陀螺将绕外环轴或内环轴转动，其转动方向与冲击力矩方向一致。若转子以一定的角速度高速旋转后，再绕外环轴或内环轴作用一个冲击力矩，陀螺自转轴将在原位附近作微小的圆锥运动，其方向基本不变，如图 6-1 所示。这种现象称为章动。转子的自转角速度越高，锥形运动的频率就越高、摆幅就越小，到一定程度之后用肉眼就观察不出来了。

但是，上述陀螺的稳定性是在不考虑干扰力矩的情况下得出的。实际上，由于结构和工艺的不尽完善，陀螺上总是不可避免地存在着各种各样的干扰力矩。因此，只有在考虑干扰力矩的情况下来讨论陀螺稳定性才有实际意义。

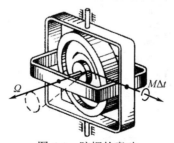

图 6-1　陀螺的章动

6.1.2 进动性

若陀螺转子没有自转，当绕外环轴作角加速度运动时，其转动方向与外力矩方向一致，如图 6-2(a)所示。

转子高速旋转后，如绕外环轴作用一个常值力矩，陀螺将绕内环轴作缓慢转动，其转动角速度与外力矩垂直，如图 6-2(b)所示。为了同一般刚体的转动相区分，我们把陀螺这种与外力矩方向相垂直的转动称为进动，其转动角速度称为进动角速度。

同理，如果绕内环轴作用一个常值力矩，当陀螺转子没有自转时，陀螺将绕内环轴作角加速转动，其转动方向和外力矩一致，而当陀螺转子高速旋转时，陀螺将绕外环轴作缓慢进动，其进动角速度与外力矩方向垂直，这也是陀螺的进动现象。

陀螺进动角速度的方向，取决于动量矩的方向和外力矩的方向，其规律如下：H 代表自转动量矩矢量，M 代表外力矩矢量，则陀螺的进动方向是：H 沿最短途径趋向 M。通常用右手法则来判断进动方向：右手四指以最短的路径从 H 的方向到 M 的方向，握住与 H 和 M 矢量平面垂直的轴，伸出大拇指，则大拇指的方向就是进动角速度 ω 的方向。如图 6-3 所示。

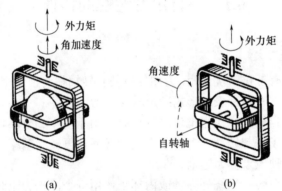

(a)　　　　　　　　　　(b)

图 6-2　外力矩绕外环轴作用时陀螺的运动现象

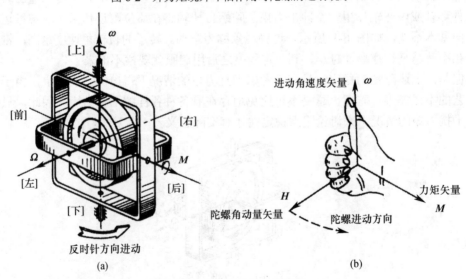

(a)　　　　　　　　　　(b)

图 6-3　陀螺进动的方向判定

进动角速度的大小，取决于动量矩和外力矩的大小。其计算式为：

$$\omega = \frac{M}{H} \tag{6-1}$$

即进动角速度的大小与所加外力 M 成正比，与自转动量矩 H 成反比。

在计算进动角速度时，动量矩的单位用 $kg\cdot m^2/s$，外力矩的单位用 $N\cdot m$，由此计算出进动角速度的单位是 rad/s。在外力矩为一定值的情况下，陀螺自转动量矩越大，则进动角速度越小。反之，动量矩越小则进动角速度越大。在工程应用中，为减小由干扰力矩引起的陀螺进动(即漂移)，应尽量增大陀螺动量矩。

从三自由度陀螺的基本组成可知，内环的结构保证了自转轴与内环轴的垂直关系。外环的结构保证了内环轴与外环轴的垂直关系。然而，自转轴与外环轴的几何关系，则应根据两者之间的相对转动情况而定。当作用在外环轴上的外力矩使自转轴绕内环轴进动，或基座带动外环轴绕内环轴方向转动时，自转轴与外环轴就不能保持垂直关系。设自转轴偏离外环轴垂直位置一个 θ 角，如图6-4所示，则陀螺动量矩的有效分量是 $H\cos\theta$，这时进动角速度的大小为：

$$\omega = \frac{M}{H\cos\theta} \tag{6-2}$$

θ 越大，进动角速度也越大。

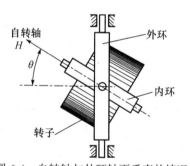

图6-4　自转轴与外环轴不垂直的情况

如果自转轴与外环轴重合，陀螺就失去了一个自由度。这时，绕外环轴作用的外力矩将使外环连同内环绕外环轴转动起来，陀螺就变得与一般刚体没有区别了。这就叫做"环架自锁"。

还必须注意的是：如果自转轴与外环轴重合时，给陀螺电动机通电使转子加速旋转，这时对电机定子的反作用力矩将使内外环产生相反方向的加速旋转，以保持动量矩守恒。在断电时则发生环架同方向的加速旋转。这种情况称为"打转"，它使陀螺无法正常工作，甚至损坏仪表。所以，在陀螺正常工作当中，总是要求自转轴与外环轴保持垂直或接近垂直，尽力避免这两个轴出现重合。

由此可见，三自由度陀螺的进动性，只有在陀螺自转轴与外环轴不重合，即陀螺不失去一个转动自由度的情况下才会表现出来，一旦出现了"环架自锁"，陀螺也就没有进动性的表现了。

6.1.3 陀螺力矩

1. 陀螺力矩的产生

作用与反作用是同时存在的一对矛盾。有作用力(或力矩)，必有反作用力(或力矩)，二者大小相等，方向相反，但分别作用在两个不同的物体上。当外界对陀螺施加力矩使它进动时，陀螺也必然存在反作用力矩，其大小与外力矩的大小相等，而方向与外力矩的方向相反，并且是作用在给陀螺施加力矩的那个物体上，这就是陀螺反作用力矩，通常简称为陀螺力矩。

设陀螺动量矩为 H，作用在陀螺上的外力矩为 M，它使陀螺产生的进动角速度为 ω，则三者之间的关系为 $M = \omega \times H$。显然，当陀螺进动时，陀螺力矩 M_G 与外力矩 M 之间的关系应为 $M_G = -M$，因此可得：

$$M_G = -M = H \times \omega \tag{6-3}$$

也就是说：陀螺力矩 M_G 等于动量矩 H 与进动角速度 ω 的矢量积。只要已知 H 和 ω，就可按照矢量积的运算规则求出 M_G。

当动量矩 H 与进动角速度 ω 相垂直时，陀螺力矩的大小为：

$$M_G = H \times \omega \tag{6-4}$$

实际上，引起陀螺力矩的条件并不限于进动。对于高速旋状的物体，当我们强迫它的旋转轴以角速度 ω 转动时，就好像强迫它"进动"一样，这时，高速旋转的物体就会像陀螺那样给强迫它"进动"的物体一个反作用力矩 M_G，这个反作用力矩不是发生在轴的旋转平面内，而是发生在和轴的旋转平面相垂直的平面内，即反作用力矩 M_G 是垂直于旋转轴和角速度 ω 所组成的平面，这个反作用力矩就是陀螺力矩。

但是，陀螺力矩并不是作用在转子本身上，而是作用在给陀螺施加力矩的那个物体上。例如我们用手指绕外环轴对陀螺施加力矩，这个力矩是通过外环传到内环轴上的一对轴承，再通过内环传到自转轴上的一对轴承而传到转子，这样才使转子产生绕内环轴的进动。转子绕内环轴进动的同时产生绕外环轴的陀螺力矩，则是通过自转轴上的一对轴承传到内环，再通过内环轴上的一对轴承传到外环而反作用到手指上。因此，对陀螺转子而言，它仅受到外力矩的作用，转子是处于进动状态，而不是处于平衡状态。对陀螺外环而言，由于它在这里担当传递力矩的角色，所以是同时受到外力矩和陀螺力矩的作用，二者方向相反且大小相等，这样就使外环处于平衡状态，而绕外环轴相对惯性空间保持方位稳定。陀螺力矩所产生的这种外环稳定效应，叫做陀螺动力稳定效应。

陀螺动力稳定效应是陀螺在进动状态时表现出来的一种效应，不能误解为陀螺力矩平衡了外力矩而使陀螺处于平衡状态。一旦自转轴绕内环轴进动到与外环轴重合即出现"环架自锁"时，陀螺力矩就不存在，陀螺动力稳定效应也不复存在了。

2. 陀螺力矩的方向

陀螺力矩的方向如图 6-5 所示。从动量矩矢量 H 沿最短途径握向进动角速度 ω 的右手旋进方向，即为陀螺力矩 M_G 的方向。

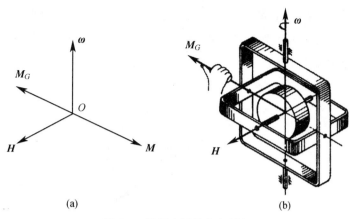

(a)   (b)

图 6-5   陀螺力矩的方向判定

由以上分析可知，外力矩与进动之间、进动与陀螺力矩之间的关系可概括为：转子上的外力矩 M 引起相应的进动角速度 ω，而进动角速度 ω 同时又引起陀螺力矩 M_G；陀螺力矩与外力矩同时存在，同时消失。

3. 陀螺效应

对于高速旋转的物体来说，只要同时存在一个与旋转轴不重合的牵连旋转角速度，不论它是进动角速度还是强迫角速度，都会产生陀螺力矩。这种对于高速旋转的物体，当旋转轴改变方向时就会产生陀螺力矩的现象，称为陀螺效应。

把一个用橡皮做的转子，装在电动机的轴上；再把电动机固定在可以绕竖轴 Oy 转动的支架上，如图 6-6 所示。电动机通电旋转后，橡皮转子随之以角速度 Ω 旋转。此时，由于离心力的作用，转子被拉平，如图 6-6(a)所示。如果电动机和支架一起又绕竖轴 Oy 以角速度 ω 作牵连旋转，则橡皮转子的旋转面便不再是平面了，其上下两边绕横轴 Ox 弯曲，如图 6-6(b)所示。显然，转子上一定有力矩的作用，这个力矩就是陀螺力矩 M_G。

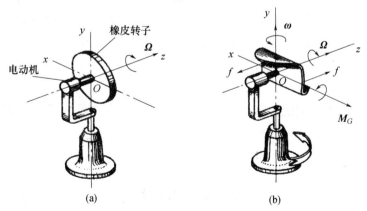

(a)   (b)

图 6-6   橡皮转子的陀螺力矩

飞机在飞行中，有时也会出现陀螺力矩。例如飞机转弯时，就会受到上仰或下俯的陀螺力矩的作用。这是因为飞机转弯时，飞机的螺旋桨(或涡轮)一方面自转，另一方面有随着飞机绕立轴旋转，因而产生陀螺力矩。如图 6-7 所示，涡轮为右旋，故 $H(\Omega)$ 指向机头，飞机作左转弯，故 $\boldsymbol{\omega}$ 指向上方，产生的陀螺力矩 $\boldsymbol{M}_G$ 指向右机翼。飞机在陀螺力矩的作用下，产生上仰。要消除这种现象，使飞机保持水平转弯，必须推杆让升降舵产生操纵力矩，与陀螺力矩平衡。

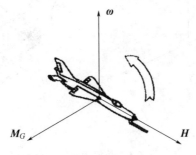

图 6-7　飞机转弯时的陀螺力矩

上述两个例子说明，陀螺力矩又是一个外加主动力矩，作用在橡皮转子和飞机上，使它们按着陀螺力矩的作用方向发生运动。这和前面讲的陀螺力矩是反作用力矩，作用在给陀螺施加力矩的那个物体上，似乎有矛盾。这是由于站在不同的参考系观察物体运动的结果。在什么条件下可以把陀螺力矩看成作用于陀螺转子上的主动力矩呢？站在惯性参考系或固定参考系上看陀螺力矩，它是一个反作用力矩，使高速旋转的转子同时又作牵连进动，由于物体的惯性反抗，产生惯性力，反作用于周围物体上，形成反作用力矩。站在非惯性参考系或转动参考系上看陀螺力矩，它又是一个作用于转子的主动力矩，是由于非惯性系中，都有一个惯性力 $f'=-ma$ 作用在物体本身。在陀螺进动过程中，如果随着陀螺一起进动，我们可观察到转子上一个质点上都作用有惯性力 $f'=-m_i a_k$，形成陀螺力矩，作用在陀螺转子上。如果没有其他力矩和它平衡，就要使转子按陀螺力矩的作用方向运动。

上述橡皮转子面弯曲的例子，就是我们和电机支架一起作牵连旋转，所观察到的转子上受到陀螺力矩作用的结果，但这时我们是在动参考系上，并不能感到它在做牵连转动。对飞机上的驾驶员来说，在操纵飞机转弯时，螺旋桨产生陀螺力矩作用在螺旋桨本身，使飞机发生俯仰，必须协调操纵，产生一个气动力矩来和陀螺力矩平衡，才能保持水平转弯。

以后在分析各类陀螺仪表原理时，往往把陀螺力矩看成是作用于陀螺转子上的主动力矩，使问题易于理解。但必须注意的是，这是我们站在动参考系上，和陀螺一起进动所观察到的结果。

6.2　稳定性分析

6.2.1　定轴性的解释

由动量矩守恒定理可知，当刚体不受外力矩作用时，刚体的动量矩守恒，也就是刚体动量矩的大小和方向均保持不变。

$$\frac{\mathrm{d}\boldsymbol{H}}{\mathrm{d}t}=\boldsymbol{M}=0 \qquad (6\text{-}5)$$

$$\boldsymbol{H}=\text{常矢量} \qquad (6\text{-}6)$$

陀螺动量矩 $\boldsymbol{H}$ 在没有外力矩作用时，等于自转动量矩 $\boldsymbol{H}_z$ 。由动量矩守恒定理有：

$$\boldsymbol{H}_z=J_z\boldsymbol{\Omega}=\text{常矢量} \qquad (6\text{-}7)$$

因此，自转动量矩 $\boldsymbol{H}$ 在空间的方位，也就是自转轴的方位将保持不变，这就是三自由度陀螺的定轴性。

6.2.2 章动的解释

三自由度陀螺受到一定的瞬时冲量矩作用以后，章动的振幅越小，说明它的稳定性越好。就是说，陀螺稳定性的好坏，可以在一定瞬时冲量矩作用下，用章动振幅的大小来衡量。下面运用动量矩合成的方法来分析与章动振幅大小有关的因素。

章动前，陀螺的动量矩就是沿自转轴方向 $\boldsymbol{H}(H=J\Omega)$ ，如图 6-8 所示。设瞬时冲量矩 $M\Delta t$ 作用在陀螺内环轴 OB 的正方向，则沿瞬时冲量矩方向产生动量矩变化量 $\Delta\boldsymbol{H}(\Delta H=J_B\omega_B)$ ，这样，陀螺的总动量矩 $\boldsymbol{H}_{总}$ 应当是动量矩 $\boldsymbol{H}$ 与动量矩变化量 $\Delta\boldsymbol{H}$ 合成的动量矩。按照矢量合成的平行四边形法则，可画出章动后总动量矩 $\boldsymbol{H}_{总}$ 的方向。如图 6-8 所示，动量矩 $\boldsymbol{H}$ 沿瞬时冲量矩 $M\Delta t$ 方向转一个 θ 角就是总动量矩 $\boldsymbol{H}_{总}$ 的方向，而 $\boldsymbol{H}_{总}$ 的方向就是章动圆锥体的中心线方向。陀螺受 $M\Delta t$ 作用后，$\boldsymbol{H}$ 矢量末端的章动轨迹就是以 $\boldsymbol{H}_{总}$ 矢量末端为圆心，以 ΔH 大小为半径做的一个圆，$\boldsymbol{H}$ 矢量末端沿轨迹运动的转向与转子的转向一致。

章动前的动量矩 $\boldsymbol{H}$ 与章动后的总动量矩 $\boldsymbol{H}_{总}$ 之间的夹角 θ ，等于章动角 2θ 的一半。角度可用下式计算：

$$\tan\theta=\frac{\Delta H}{H}=\frac{J_B\omega_B}{J\Omega} \qquad (6\text{-}8)$$

式中　　J_B ——陀螺转子沿内框轴 OB 的转动惯量；

　　　　ω_B ——在瞬时冲量矩作用下陀螺沿内框轴 OB 产生的角速度。

一般情况下，θ 角很小，因此有：

$$\theta=\frac{J_B\omega_B}{J\Omega} \qquad (6\text{-}9)$$

则章动角为：

$$2\theta=\frac{2J_B\omega_B}{J\Omega} \qquad (6\text{-}10)$$

由于动量矩变化量等于冲量矩，所以：

$$2\theta=\frac{2M\Delta t}{J\Omega} \qquad (6\text{-}11)$$

式(6-11)说明，三自由度陀螺转子的动量矩越大，受到一定的冲量矩作用后产生的章动角越小，稳定性越好。在转子动量矩不变的情况下，冲量矩越大，章动角也越大。没有冲量矩作用时，章动角为零，陀螺"定轴"。

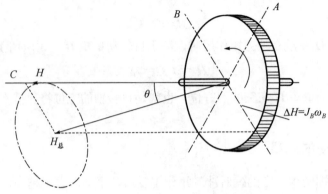

图 6-8　章动角的计算

6.3　进动性分析

6.3.1　动量矩定理

动量矩定理是定点转动刚体的一个基本定理，它描述了刚体动量矩的变化率与作用在刚体上的外力矩之间的关系，即：

$$\frac{\mathrm{d}\boldsymbol{H}_0}{\mathrm{d}t} = \boldsymbol{M}_0 \tag{6-12}$$

该定理表明，刚体对某一固定点的动量矩 $\boldsymbol{H}_0$ 对时间的导数，等于作用在刚体上所有外力矩 $\boldsymbol{M}_0$。

应该注意，定点转动刚体的动量矩是一个矢量，即不但有大小，而且有方向，因此，在外力矩作用下动量矩 $\boldsymbol{H}_0$ 出现变化率，就意味着动量矩 $\boldsymbol{H}_0$ 的大小改变或方向改变或大小、方向同时改变。还应注意，在上面推导动量矩定理的过程中，我们所用的仍然是牛顿第二定律，因此，这里动量矩 $\boldsymbol{H}_0$ 的变化率是对惯性坐标系(惯性空间)而言的。

6.3.2　莱查定理

从运动学知，矢径 $\boldsymbol{R}$ 对时间的导数 $\frac{\mathrm{d}\boldsymbol{R}}{\mathrm{d}t}$，等于该矢径端点的速度 $\boldsymbol{V}$。与此对应，可把动量矩矢径 $\boldsymbol{H}_0$ 对时间的导数 $\frac{\mathrm{d}\boldsymbol{H}_0}{\mathrm{d}t} = \boldsymbol{V}$ 看成是动量矩矢量端点的速度 $\boldsymbol{V}$，如图 6-9 所示。

这样动量矩定理又可写成：

$$\boldsymbol{V} = \boldsymbol{M}_0 \tag{6-13}$$

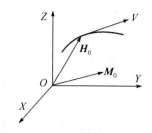

图 6-9 动量矩矢量端点的速度

式(6-13)表明，刚体对定点的动量矩 H_0 的矢端速度 V，等于绕该点作用于刚体的外力矩 M_0，称为莱查定理。它使动量矩定理有一个清晰的几何意义，在研究陀螺进动时极为有用。

6.3.3 进动性的解释

由莱查定理知道，刚体对定点的动量矩 H 的矢端速度 V，等于外力矩矢量 M。这是动量矩定理的几何意义。

$$\frac{\mathrm{d}H}{\mathrm{d}t}=M=V \tag{6-14}$$

把莱查定理运用到三自由度陀螺上，就是陀螺自转动量矩 H 的矢端速度 V，等于作用在陀螺上的外力矩矢量 M。V 和 M 二者不仅大小相等，而且方向相同，如图 6-10 所示。由此可以确定陀螺进动的方向，与前面提到的判断法则完全一致。但我们利用"外力矩矢量拉着动量矩矢量端跑"来判断进动方向，更是一种形象而简便的方法。

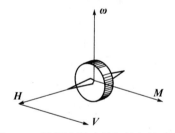

图 6-10 陀螺自转动量矩的矢端速度

现在用自转动量矩 H 的转动角速度 ω 来表达 H 的矢端速度 V，这就是 H 的矢端速度 V 等于 H 的转动角速度 ω 与 H 的矢量积，即 $V=\omega\times H$。因此有如下关系式：

$$\omega\times H=M \tag{6-15}$$

很显然 ω 就是陀螺进动角速度，所以这个关系式表明了陀螺进动角速度 ω 与自转动量矩 H 以及外力矩 M 三者之间的关系。上式就是以矢量形式表示的陀螺进动方程。

此外，从莱查定理还可看到陀螺进动的"无惯性"。外力矩加在陀螺的瞬间，陀螺自转动量矩矢端立刻出现速度而相对惯性空间改变方向，因而陀螺也立刻出现进动。外力矩除去的瞬间，H 的矢端速度立刻为零而相对惯性空间保持方向不变，因而陀螺也立刻停止进动。

还应明确：陀螺的进动是由于自转动量矩和外力矩的存在。如果转子没有自转，即自转动量矩为零，或者没有外力矩作用，或者外力矩和自转动量矩矢量共线(例如环架自锁时，作用在外环轴上的外力矩矢量便与自转动量矩矢量共线)，陀螺就不会表现出进动。而且，在外力矩作用下，自转动量矩矢量的变化率是相对惯性空间而言的，因此陀螺的进动也是相对惯性空间而言的。

6.4 三自由度陀螺的漂移分析

6.4.1 陀螺漂移概念

如前所述，三自由度陀螺的自转轴在不受外力矩的作用下，具有保持原来的惯性空间方位不变的特性。但这个结论是在不考虑陀螺各种干扰力矩的情况下得出的。事实上，由于陀螺结构、工艺和使用等原因，在实际陀螺中总有某些干扰力矩存在，因此，任何实际陀螺的自转轴都将在干扰力矩作用下发生进动而逐渐偏离它在惯性空间的初始方位，我们把这种现象称为陀螺漂移，把在干扰力矩作用下陀螺产生的进动角速度称为陀螺的漂移角速度或陀螺漂移率。设陀螺动量矩为 H，干扰力矩为 M_d，则陀螺漂移率 ω_d 可表示为：

$$\omega_d = \frac{M_d}{H} \tag{6-16}$$

式(6-16)表明，陀螺漂移率 ω_d 的大小与干扰力矩 M_d 成正比，与动量矩 H 成反比。陀螺漂移率越小，自转轴相对惯性空间的方位稳定精度也越高。当需要施加控制力矩，使陀螺自转轴跟踪空间某一变动的方位时，陀螺漂移率越小，其方位跟踪精度也越高。因此，陀螺漂移率是衡量陀螺精度的最主要指标。

在飞机指示仪表或自动控制系统中应用的陀螺，其漂移率一般为每小时几度至几十度，通常称为常规陀螺。在惯性导航系统中应用的陀螺，其漂移率一般都小于每小时 $0.015°$(相当于地球自转角速度的千分之一)，通常称为惯性级陀螺或惯性陀螺。对于惯性级陀螺，还往往采用千分之一的地球自转角速度作为漂移率的单位，这种单位简称为毫地率，例如漂移率 $0.01°/h$ 就等于 0.667 毫地率，漂移率 $0.001°/h$ 就等于 0.0667 毫地率。各类航空陀螺仪表对漂移率的要求如表 6-1 所示。

表 6-1　各类航空陀螺仪表对漂移率的要求

陀螺仪表的类型	对漂移率的要求(°/h)
速率陀螺	150～10
垂直陀螺	30～10
航向陀螺	12～1
惯导系统中用的陀螺	0.01～0.001

为了降低陀螺漂移率，应当尽量减小干扰力矩。在陀螺的设计、结构、材料和工艺等方面，都应该尽量减小造成干扰力矩的各种因素，其中减小环架轴上的支承摩擦尤为

重要。常规陀螺一般采用精密的滚珠轴承，漂移率只能达到几°/h；如果采用旋转式滚珠轴承(即旋转轴承)，漂移率可达到 $1°$ /h～$0.1°$ /h。惯性级陀螺则采用液浮支承、气浮支承、挠性支承或静电支承，漂移率可达到 $0.01°$ /h～$0.001°$ /h 甚至更小。

为了降低陀螺漂移率，还必须适当地增加陀螺动量矩。从 $H=J_z\Omega$ 看出，可通过适当增大转子的转动惯量 J_z 和自转角速度 Ω 来实现。在一定范围内增大 J_z 和 Ω ，对降低漂移率的效果较为明显。但过多增大 J_z 和 Ω 并无明显效果，因它带来陀螺体积、重量、功耗和发热都相应增大较多，且自转轴上轴承的寿命迅速降低，而且，干扰力矩，例如与陀螺重量成比例的摩擦力矩等也相应增大较多，使得增加动量矩的效果很大一部分被干扰力矩的增大所抵消。

下面具体分析各种干扰力矩对陀螺运动的影响(包括对章动的影响和引起的陀螺漂移)，并介绍有关的措施。

6.4.2　陀螺漂移的各种因素

陀螺中的干扰力矩按其是否有规律性，可分为规律性的和随机性的两类。规律性干扰力矩的大小和方向均有一定的规律性，例如不平衡、非等弹性、电磁干扰和工艺误差等引起的干扰力矩都是属于有规律性的。三自由度陀螺一般用于测量载体的角位移，工作特性上无需弹性力矩或阻尼力矩，如果陀螺结构中存在某些弹性约束或粘性耦合，则由此引起的弹性力矩或阻尼力矩也都属于规律性的干扰力矩。随机性干扰力矩的大小和方向均无一定的规律性，例如，摩擦和结构变形等引起的干扰力矩大都属于随机性质的。实际上，规律性干扰力矩也不是一成不变的，经过一段使用时间后其力矩的数值也可能发生变化，例如轴承的磨损、材料的蠕变和部件的老化等因素将造成平衡不稳定性或弹性不稳定性，所以规律性干扰力矩也存在随机变动的问题。

若按干扰力矩与载体加速度之间的关系，又可分为与加速度无关的、与加速度成比例的和与加速度平方成比例的三类。例如，弹性约束、电磁干扰和工艺误差等引起的干扰力矩是与加速度无关的，不平衡引起的干扰力矩是与加速度成比例的，非等弹性引起的干扰力矩则是与加速度平方成比例的。

由于作用在陀螺上的干扰力矩种类较多，下面我们分析几种比较典型的干扰力矩及其所引起的陀螺漂移。

1. 摩擦力矩引

当陀螺绕环架轴转动或有转动趋势时，由于构件之间的接触将形成摩擦力矩。摩擦力矩的方向与陀螺相对转动角速度的方向相反，而大小与接触正压力、接触点半径以及摩擦系数等因素有关。在低转速情况下，摩擦力矩的大小可视为常值，等于静摩擦力矩。

在陀螺漂移中，摩擦力矩所引起的漂移通常占很大的比例。减小这项漂移对提高陀螺精度有特别重要的意义。为此，必须尽量减少轴承和其他活动部件的摩擦力矩。若采用滚珠轴承，应要求高精度和低摩擦；在装配前应严格测定摩擦力矩的数值，装配时应进行选配，使配合松紧适度，配合过紧或过松均会使摩擦增大；装配时还应认真清洗、适当润滑以降低摩擦系数。如果要进一步减小轴承摩擦力矩所引起的漂移，可采用旋转轴承。

采用螺旋轴承同采用一般轴承相比，陀螺精度可提高一个数量级以上，其漂移率可以达到 $1°/h\sim0.1°/h$ 甚至更小。虽然旋转轴承装置使仪表结构变得复杂一些、体积和重量要稍大一些，但它对减小陀螺漂移的效果较为明显，生产制造也比较容易，所以采用旋转轴承是提高陀螺精度的有效途径之一。

摩擦力矩虽然会使陀螺因进动而产生陀螺漂移，影响陀螺的定位精度，但摩擦力矩却会使陀螺的章动以极快的速度衰减掉。因此，在实际使用的陀螺中可不必考虑章动对陀螺运动的影响。

2. 不平衡力矩

在陀螺装配工艺中，内环组合件和外环组合件要进行静平衡，调整内环组合件的质心位于内环轴线上，并调整外环组合件的质心位于外环轴线上。但是，绝对平衡的情况即陀螺质心位于支点上的情况是不存在的。陀螺的质心偏离环架轴线，称为静不平衡，简称不平衡。若在重力场内或基座有加速度时，作用于陀螺的重力或惯性力便对环架轴形成力矩，这种力矩称为不平衡力矩。在这种力矩作用下，陀螺将产生漂移。

不平衡力矩是有规律性的并且是与加速度成比例的，故由它引起的漂移也是有规律性的，并且是与加速度成比例的，它是陀螺重要的误差源。为减小由它引起的陀螺漂移，陀螺装配时，内、外组合件都应进行精细的静平衡。静平衡精度取决于静平衡支承上摩擦力矩的大小，常采用蜂鸣振动的办法减小摩擦以提高静平衡精度。陀螺中还装有配重块或配重螺钉，便于装配调试时调节静平衡。

温度变化往往会影响陀螺的静平衡变化。如果陀螺各零件所用材料的线膨胀系数不同，那么温度变化时其热胀冷缩的程度也不同，这将导致陀螺质心偏离环架轴线而形成不平衡力矩。因此，陀螺各零件应尽量采用线膨胀系数相同或相近的材料制成，以保证温度变化时静平衡的稳定性。而且，陀螺组合件在常温($+20℃$)条件下进行静平衡后，一般还要在低温($-60℃$)和高温($+50℃$)条件下检查它的静平衡变化情况。

为了在温度变化时补偿静平衡的变化，有些陀螺的内环或外环上加装了带有配重的双金属片。双金属片由钢和因瓦钢两种金属薄片焊接而成，钢的温度膨胀系数较大，因瓦钢的温度膨胀系数很小。这样，在常温时如果双金属片保持平直，到了高温或低温则发生弯曲变形，高温时双金属片向因瓦钢的一边弯曲，低温时双金属片向钢的一边弯曲。当温度变化时双金属片的弯曲方向即配重质心的偏移方向，恰好与陀螺质心的偏移方向相反，从而起到补偿陀螺静平衡变化的作用。

转子的质量在陀螺组合件的质量中占有较大的比例，设法避免转子沿自转轴向的质心偏移，这是陀螺电动机结构设计中必须注意的一个重要问题。较好的一种办法是将转子的端盖做成对称弹性壁结构，即转子两边端盖的材料相同、结构对称，并加工成有一定的薄壁部分，因而沿自转轴向具有一定的弹性。陀螺电动机装配好后，两边端盖应呈稍许鼓出状态，使之产生一定的预变形而获得一定的预紧力，从而防止了转子沿自转轴向的任意窜动；当温度变化时，由于两边端盖的弹性变形相等，从而避免了转子沿自转轴向的质心偏移。在陀螺电动机装配时预紧力应调节适当，如果预紧力过大，会使自转轴的轴承摩擦增大，降低陀螺电动机的使用寿命，还会使起动困难甚至无法起动，如果预紧力过小，很可能在转子本身重量的作用下就会出现质心偏移，而形成绕环架轴的不平衡力矩。

内环组合件沿内环轴向以及外环组合件沿外环轴向都留有一定的轴向间隙,以保证温度变化时内、外环组合件能够灵活转动,并避免环架轴上支承的摩擦力矩增大。但是,内环轴向的间隙将造成内环组合件沿内环轴向的质心偏移,而形成绕外环轴的不平衡力矩。外环轴向的间隙所造成外环组合件沿外环轴向的质心偏移,虽不形成不平衡力矩作用在陀螺上,但若间隙过大则在振动冲击条件下易使轴承损坏。因此,在陀螺装配时,内、外环轴向的间隙都应调节适当才对。

3. 非等弹性力矩

陀螺沿自转轴向和内、外环轴向受到力的作用时,因结构的弹性变形,质心沿三个轴向将产生位移。若沿三个轴向的质心位移与沿这些轴向作用力的比值均相等,则此结构是等弹性或等刚度的,若不相等,则是非等弹性或非等刚度的。

设加速度为零时,陀螺质心与环架支点重合。当存在加速度时,将有与加速度方向相反的惯性力作用,使质心产生相对位移。若陀螺结构为等弹性,则质心正好沿惯性力的作用方向偏离环架支点,惯性力的作用线通过环架支点,不对环架轴形成力矩。若陀螺结构为非等弹性,则质心不是正好沿惯性力的作用方向偏离环架支点,惯性力的作用线不通过环架支点,便对环架轴形成力矩,这种力矩就叫做非等弹性力矩。

对于外环组合件来说,当外环发生变形位移时,内环和转子随之位移;当内环发生变形位移时,转子随之位移,从而使外环组合件的质心偏离外环轴线。当外环组合件为非等弹性结构时,作用该质心的惯性力将产生绕外环轴作用于陀螺的非等弹性力矩。

对于内环组合件来说,当内环发生变形位移时,转子随之位移,从而使内环组合件的质心偏离内环轴线。当内环组合件为非等弹性结构时,作用该质心的惯性力将产生绕内环轴作用于陀螺的非等弹性力矩。

非等弹性力矩与加速度的平方成正比,因此,由非等弹性力矩引起的陀螺漂移,与加速度的平方成比例。

对于大加速度运动条件下工作的陀螺,非等弹性力矩引起的陀螺漂移是比较明显的。为了减小由此引起的陀螺漂移,陀螺应具有较大的结构刚度,转子、内环、外环等构件具有等弹性结构。在高精度的陀螺中,可采用轴向和径向变形率相同的等弹性轴承,或采用在内、外环上加装弹性构件(由弹簧片和质量块组成)的补偿办法,以便实现等弹性结构。

4. 弹性力矩和阻尼力矩

在某些陀螺结构中,由于采用了具有弹性效应的元件,从而使陀螺与表壳之间存在弹性约束。当陀螺与表壳之间出现相对角位移时,弹性元件的弹性变形将产生弹性力矩作用在陀螺上。弹性力矩的方向与陀螺相对角位移的方向相反,大小与陀螺相对角位移的大小成正比。

弹性约束的结果将使陀螺以锥形进动的形式产生陀螺漂移。为减小由此而引起的陀螺漂移,在陀螺中应尽量减少弹性约束,或采用补偿的办法消除弹性约束。

在陀螺组合件的周围,由于充满了空气等介质,从而使陀螺与表壳之间存在黏性耦合。当陀螺与表壳之间出现相对转动角速度时，因介质的黏性摩擦将产生阻尼力矩作用在陀螺上。阻尼力矩的方向与相对转动角速度的方向相反，大小与相对转动角速度的大小成正比。

黏性耦合的结果将使陀螺以交轴进动的形式产生陀螺漂移。黏性耦合虽对阻尼章动振荡有些益处，但却可能引起陀螺漂移。为减小由此而引起的陀螺漂移，应尽量减少黏性耦合。

若在陀螺中同时存在弹性约束和黏性耦合，它们共同作用的结果同样会引起陀螺漂移。故在陀螺应用中，尽量减小或避免这些因素的影响，也是提高陀螺工作精度的一个重要问题。

6.5　表观运动

6.5.1　陀螺在北极的表观运动

三自由度陀螺在不受外力矩作用的情况下，其自转轴具有相对惯性空间保持方位不变的特性。但是，由于地球自转以及飞行速度等原因，陀螺自转轴相对地球的方位就不可能保持不变。对于地球上的观察者来说，我们观察到的是陀螺相对地球的运动。通常我们把观察到的这种运动称作陀螺表观运动或视在运动。意思是这种运动并非是陀螺自转轴本身的运动，恰恰相反，它反映的是动基座相对惯性空间的牵连旋转运动。1852 年傅科利用陀螺的表观运动证明了地球自转运动的存在。

将三自由陀螺放在地球的北极上，并使自转轴水平。这时自转轴与地球自转轴相垂直，如图 6-11(a)所示。由于地球在惯性空间以角速度 ω_e 逆时针方向转动，而陀螺自转轴在惯性空间保持方向不变，因此，站在地球北极上的观察者就会看到陀螺自转轴顺时针方向转动，并且转动周期与地球自转周期相同，即每 24 h 旋转一周。

若在北极将陀螺自转轴垂直放置(自转轴朝天)，则陀螺自转轴与地球自转轴平行，这时，观察者会看到陀螺自转轴相对地球不动，如图 6-11(b)所示。

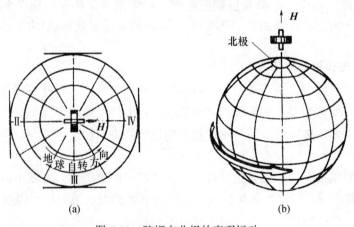

图 6-11　陀螺在北极的表观运动

6.5.2 陀螺在赤道处的表观运动

将三自由度陀螺放在地球赤道上，并使其自转轴与地平面垂直，如图 6-12(a)中位置 Ⅰ所示。开始时，使转轴 A 端对正地平面。经过 6h 后，自转轴与地平面平行，如图 6-12(a)中位置 Ⅱ所示。经过 12h 和 18h 后，自转轴相对地平面的位置，分别如图 6-12(a)中的位置Ⅲ、Ⅳ所示。24h 之后，自转轴恢复原位。也就是说，陀螺自转轴每 24h 逆地球自转方向转一周。

在地球赤道上，如果放置陀螺时使其自转轴与地球自转轴平行，则陀螺自转轴与地平面之间没有相对运动，如图 6-12(b)所示。

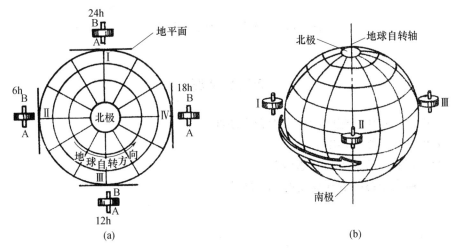

(a)　　　　　　　　　　　　　　(b)

图 6-12　陀螺在赤道处的表观运动

6.5.3 陀螺在任意纬度的表观运动

把陀螺放在地球上纬度为 φ 的某一地点。开始时，陀螺自转轴与地平面平行，朝着南北方向，如图 6-13(a)中位置 Ⅰ所示。经过 6h 后，陀螺随地球转动到图 6-13(a)中的位置 Ⅱ。此时，陀螺自转轴在空间的方向不变，但对地平面的方向已经改变了。经过 12h 后，陀螺自转轴与地平面之间的夹角为该地纬度的两倍，如图 6-13(a)中位置Ⅲ所示。经过 24 h 后，自转轴又恢复原来位置。如果连续观察上述运动，将发现陀螺自转轴相对地球运动的轨迹为一圆锥面，圆锥角等于陀螺所在位置的纬度的两倍。

如果开始时，陀螺自转轴与地平面垂直，如图 6-13(b)中位置 Ⅰ所示，则地球转动一周后，陀螺自转轴相对地球运动的轨迹仍为一圆锥面，其圆锥角为 $180^{\circ}-2\varphi$。

综合上述分析可知：不论把陀螺放在地球上的什么位置，只有自转轴与地轴平行时，才没有表观运动，否则皆有。

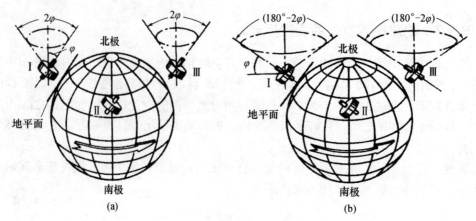

图 6-13　陀螺在任意纬度的表观运动

复习思考题

1. 什么是三自由度陀螺的稳定性和进动性？
2. 如何判断陀螺力矩的方向？
3. 影响陀螺漂移的因素有哪些？
4. 三自由度陀螺的表观运动有哪些现象？

第7章　二自由度陀螺

二自由度陀螺的运动规律和三自由度陀螺的运动规律相比，有其共同的地方，即在同时具有自转角速度和牵连角速度时，会产生陀螺力矩。但是由于二自由度陀螺比三自由度陀螺少了一个外环，故相对于基座或仪表壳体而言，它少了一个自由度。因此，其运动规律又有不同于三自由度陀螺的特殊点。

7.1　二自由度陀螺的进动

对三自由度陀螺，无论基座绕陀螺自转轴转动，还是绕内环轴或外环轴方向转动，都不会直接带动陀螺转子一起转动，因而基座的转动运动不会直接影响到陀螺自转轴的方向。也可以说，由内、外环所组成的环架装置在运动方面起隔离作用，将基座的转动与陀螺转子的转动隔离开来。这样，如果陀螺自转轴稳定在惯性空间的某个方位上，则基座转动时它仍然稳定在原来的方位上。

二自由度陀螺仪的结构组成同三自由度陀螺仪相比，其区别是只有一个框架而无内、外两个框架，故相对基座而言，它少了一个转动自由度。因此，二自由度陀螺仪的特性就与三自由度陀螺仪有所不同了。

对于二自由度陀螺来说，如图 7-1 所示，当基座绕陀螺自转轴或内环轴方向转动时，仍然不会带动陀螺转子一起转动，即内环仍然起隔离运动的作用，但是，当基座绕陀螺缺少的自由度 x 轴方向以角速度 ω_x 转动时，由于陀螺绕该轴没有转动自由度，所以基座转动时就通过内环轴上的一对支承带动陀螺转子一起转动。这时陀螺仍是力图保持其原来的空间方位稳定，因此基座转动时内环轴上的一对支承就有推力 F 作用在内环轴的两端，而形成推力矩 L 作用在陀螺上，其方向垂直于陀螺动量矩 H 并沿 x 轴的正向。由于陀螺绕内环轴仍然存在转动自由度，所以这个推力矩就使陀螺产生绕内环轴的进动，进动角速度 $\dot{\beta}$ 沿内环轴 y 的正方向，使自转轴 z 趋向于 x 轴重合，称为二自由度陀螺的进动。

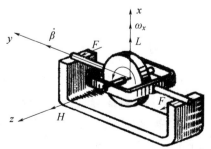

图 7-1　基座绕 x 轴方向转动时陀螺的运动情况

这就是说，当基座绕陀螺缺少的自由度方向 x 轴转动，强迫陀螺跟随基座转动的同时，还使陀螺绕内环轴转动，使自转轴相对基座转动并趋向与基座转动角速度的方向重合。若基座转动的方向相反，则陀螺绕内环轴转动的方向也相反。这里，我们称 x 轴为二自由度陀螺的输入轴，内环轴 y 轴为二自由度陀螺的输出轴。相应地，称绕 x 轴的转动角速度为输入角速度，绕 y 轴的转角为输出转角。通过上述分析我们看到，二自由度陀螺具有敏感绕其输入轴方向(缺少自由度方向)转动的特性。

7.2 二自由度陀螺在内环轴上有外力矩时的运动

如图 7-2 所示，设外力矩 M_y 绕内环轴 y 的负向作用，那么陀螺将力图以角速度 M_y/H 绕 x 轴的正向进动。这个进动能否实现需根据基座绕 x 轴方向的转动情况而定。

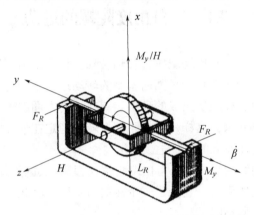

图 7-2　外力矩绕内环轴作用时陀螺的运动情况

7.2.1 基座绕 x 轴方向没有转动

当基座绕 x 轴方向没有转动时，由于内环轴上一对支承的约束，很显然这个进动是不可能实现的。但其进动趋势仍然存在，并对内环轴两端的支承施加压力，这样支承就产生约束反力 F 作用在内环轴的两端，而形成约束反力矩 L 作用在陀螺上，其方向垂直于陀螺动量矩 H 并沿 x 轴的负向。这个约束反力矩就使陀螺产生绕内环轴的进动，进动角速度 $\dot{\beta}$ 沿内环轴 y 的负方向。也就是说，如果基座绕 x 轴方向没有转动，那么在绕内环轴的外力矩作用下，陀螺的转动方向与外力矩的作用方向相一致，这时陀螺如同一般刚体那样绕内环轴转动起来。

7.2.2 基座绕 x 轴方向转动

当基座绕 x 轴方向转动并且转动角速度 ω_x 等于 M_y/H 时，内环轴上的一对支承不再对陀螺绕 x 轴的进动起约束作用，陀螺绕 x 轴方向的进动角速度 M_y/H 就可以实现，外力矩 M_y 也就不会使陀螺绕内环轴转动。而且，由于陀螺的进动角速度 M_y/H 与基座转动角速度 ω_x 相等，内环轴上的一对支承不再对陀螺施加推力矩作用，所以基座的转动也就不会强迫陀螺绕内环轴转动。这时陀螺绕 x 轴是处于进动状态，而绕内环轴是处于相对静止状态。

对于二自由度陀螺的特性，还常作下列解释：当基座绕陀螺缺少自由度的方向以角速度 ω_x 转动时，便有绕内环轴方向的陀螺力矩 $H\omega_x$ 作用在陀螺上；在这个陀螺力矩作用下，陀螺产生绕内环轴的转动，使自转轴趋向与基座转动角速度的方向重合。如果绕内环轴作用有外力矩 M_y，并且恰好能够平衡陀螺力矩 $H\omega_x$ 时，那么陀螺绕内环轴便停止转动。

综上所述可知：二自由度陀螺没有三自由度陀螺那样的稳定性。当基座绕缺少的自由度 x 轴方向以 ω_x 转动时，自转轴将随着基座转动，同时自转轴将趋向与 x 轴重合，即绕内环轴进动，从而可以敏感 ω_x 的大小。当陀螺受到绕内环轴的外力矩 M_y 作用，如果它没有绕 x 轴转动，将如同一般刚体那样绕内环轴转动；如果它绕 x 轴以 M_y/H 进动，则自转轴不绕内环轴转动，处于相对静止状态。

7.3 二自由度陀螺的漂移分析

对于三自由度陀螺仪来说，干扰力矩所引起的进动叫做漂移。而对于二自由度陀螺仪来说，就不像三自由度陀螺仪那样具有绕外环轴的转动自由度，那么，绕内环轴作用的干扰力矩将会造成什么样的效果呢？从二自由度陀螺仪的基本特性可知，绕内环轴作用的干扰力矩仍会引起陀螺仪绕其缺少自由度的轴线方向有进动趋势。设陀螺角动量为 H，绕内环轴作用的干扰力矩为 M，则 M 所力图产生的进动角速度等于：

$$\omega_d = \frac{M_d}{H} \tag{7-1}$$

当基座绕陀螺仪输入轴方向没有转动时，陀螺仪的进动就无法实现，绕内环轴作用的干扰力矩将使陀螺仪绕内环轴转动起来。但是，若基座绕陀螺仪输入轴方向转动且角速度 $\omega = \omega_d$ 时，则陀螺仪的进动便能够实现，绕内环轴作用的干扰力矩就不会使陀螺仪绕内环轴转动了。

我们本来是希望：当基座绕陀螺仪输入轴方向没有转动时，陀螺仪绕内环轴的输出转角为零；而当基座绕陀螺仪输入轴方向出现转动时，陀螺仪绕内环轴应该有输出转角。可是，由于绕内环轴干扰力矩作用的结果，当基座没有转动时，陀螺仪却出现输出转角；而当基座出现转动且角速度 $\omega = \omega_d$ 时，陀螺仪却没有输出转角。或换言之，这时的陀螺仪并不是在输入角速度为零的情况下处于零位状态；相反地，它是在有了输入角速度且 $\omega = \omega_d$ 的情况下才处于零位状态。

因此，在描述二自由度陀螺仪的误差时需要知道，当绕着输入轴的角速度等于什么数值时，才能使陀螺仪绕内环轴的输出转角为零(即处于零位状态)。这个使陀螺仪输出为零的输入角速度，称为二自由度陀螺仪的漂移率。由上面的说明可见，这个使陀螺仪输出为零的输入角速度，恰好等于干扰力矩所力图产生的进动角速度。所以，二自由度陀螺仪漂移率的计算式与三自由度陀螺仪漂移率的计算式具有完全相同的形式。从等效的观点来看，二自由度陀螺仪的漂移率也可以理解成就是干扰力矩所力图产生的进动角速度。

二自由度陀螺仪的漂移将会造成测量输入角速度的误差，在陀螺稳定平台中应用时又将造成平台的漂移。因此，对于二自由度陀螺仪来说，陀螺漂移率仍然是衡量陀螺仪精度的最主要指标。用于测量飞机转动角速度的二自由度陀螺仪，其漂移率一般要求为 $150°/h \sim 10°/h$；用于飞机自动控制系统的陀螺稳定平台的二自由度陀螺仪，其漂移率一般要求为 $12°/h \sim 1°/h$；而作为惯导陀螺稳定平台中或捷联式惯导系统敏感元件的二自由度陀螺仪，其漂移率一般则要求为 $0.01°/h \sim 0.001°/h$ 甚至更小。

二自由度陀螺仪的漂移是由绕内环轴作用的干扰力矩引起的。而干扰力矩主要包括：摩擦力矩、不平衡力矩、非等弹性力矩、电磁干扰力矩以及结构变形和工艺误差等因素所造成的干扰力矩。对于积分陀螺仪或二重积分陀螺仪而言，工作特性上无需弹性力矩；如果陀螺仪的结构中存在某些弹性约束，则由此引起的弹性力矩也是属于干扰力矩。二自由度陀螺仪的漂移或漂移率同样可分为规律性与随机性两类；或者，也可分为与加速度无关的、与加速度成比例的以及与加速度平方成比例的三类。

摩擦力矩所引起的漂移是属于随机性的。为了减小这项漂移，应当尽量减小内环轴向摩擦力矩的量值，这可从减小接触正压力、接触点半径和摩擦系数等方面考虑。如果内环轴上支承采用滚珠轴承，应要求高精度和低摩擦，在装配时应进行选配、认真清洗并适当润滑。如果内环轴上支承采用旋转轴承，也可使陀螺漂移大为降低。但若要使陀螺漂移率达到 $0.01°/h$ 甚至更小，通常则由采用液浮支承或静压气浮支承的办法来消除内环轴上支承的摩擦力矩。这两种支承的陀螺仪分别称为液浮陀螺仪和静压气浮陀螺仪。为了进一步提高二自由度液浮陀螺仪的工作精度，出现了所谓"三浮"式结构，即自转轴上支承采用动压气浮轴承，并在液浮的基础上辅以磁悬浮定中心。同单有液浮的情形相比，"三浮"式结构可以实现更低的陀螺漂移率。

不平衡力矩所引起的漂移是有规律性的，并且它是与加速度成比例的。为了减小这项漂移，内环组合件应进行精细的静平衡工作，使其质心位于内环轴线上，而且在温度发生变化时也应保证质心位置的稳定。

非弹性力矩引起漂移也是有规律性的，并且它是与加速度的平方成比例的。为了减小这项漂移，陀螺仪应设计成具有较大的刚度，并应尽可能地设计成等弹性即等刚度结构。

复习思考题

1. 什么是二自由度陀螺的进动？
2. 当内环轴上有外力矩作用时，二自由度陀螺如何运动？

第8章 典型陀螺仪

随着科学技术的发展，为了满足现代航空、航海，特别是宇宙航行所提出的新要求，各种高精度的陀螺仪相继出现。为了提高陀螺仪的精度，必须减小各种干扰力矩，尤其是万向支架中轴承的摩擦力矩。因此，几十年来，人们从不断改变环架支承形式这一途径来研制新型陀螺仪。传统的陀螺仪常以环架支承形式来命名，例如，气体支承的气浮陀螺仪、液体支承的液浮陀螺仪和静电支承的静电陀螺仪等。

8.1 液浮陀螺仪

液浮陀螺是最先研制成功的一种惯性级陀螺，1955 年美国首先研制并使用了液浮陀螺惯导系统，它被称为惯导技术发展史上的一个重要里程碑。液浮陀螺仪可以通过液浮和其他辅助悬浮措施，能把绕陀螺输出轴的干摩擦力矩几乎减小到零，因而可以使精度达到很高，1973 年美国的德雷泊(Demper)实验室已经研制出精度为 0.000015°/h 的二自由度液浮陀螺仪；同时液浮陀螺又能获得很高的抗振强度和抗振稳定性。此外，适当控制浮液的成分能够得到所需的大阻尼。

正因为如此，液浮陀螺仪还有其一定的应用范围，特别是对精度要求很高的潜艇、远程导弹以及抗振要求较高的导弹系统，在一些航空惯导上也有部分使用。另外，液浮陀螺中有关"三浮"的知识，对从事惯性技术的人员来说，也是一种必不可少的科学常识。

但是，必须看到液浮本身要求很高的温控精度和体积补偿，如果再加上气浮陀螺马达支承和磁悬浮内环组件支承，必将使成本大大提高，这是它在众多类型陀螺竞争上的劣势。

8.1.1 单自由度液浮积分陀螺仪

如图 8-1 所示，当飞机带动基座以角速度 ω 绕单自由度陀螺缺少转动自由度的轴线方向转动时，沿陀螺内环轴产生陀螺力矩 M_g，它使陀螺绕内环具有进动角速度 $\dot{\beta}$。当陀螺仪有绕内环的进动角速度时，阻尼器便产生阻尼力矩 M_D 作用在陀螺仪上。它的方向与陀螺仪绕内环轴相对转动角速度的方向相反，而大小可以表示为：

$$M_D = D_y \dot{\beta} \tag{8-1}$$

式中 D_y——绕陀螺仪内环轴的阻尼系数。

在液浮积分陀螺仪中一般不专门设置阻尼器，它的阻尼作用由浮子和壳体之间的间

83

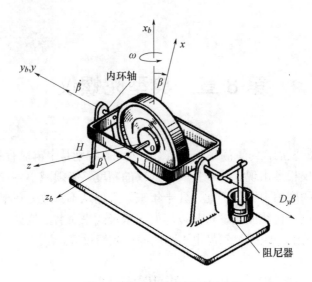

图 8-1　积分陀螺仪原理示意图

隙和浮液实现。

积分陀螺仪的运动方程式如下：

$$J_y\ddot{\beta} + D_y\dot{\beta} = H\omega\cos\beta \tag{8-2}$$

式中　J_y——内环组件绕陀螺仪内环轴的转动惯量。

当陀螺的运动达到稳态转动角速度时，$\ddot{\beta}=0$，惯性力矩 $J_y\ddot{\beta}=0$。所以，稳态时，陀螺力矩由阻尼力矩所平衡，即

$$D_y\dot{\beta} = H\omega\cos\beta \tag{8-3}$$

式(8-3)中的 β，在实际工作中总是保证它的数值处在很小的范围内，于是 $\cos\beta \approx 1$ 成立。这样上式可以写成

$$\dot{\beta} = \frac{H\omega}{D_y} \tag{8-4}$$

或

$$\beta = \frac{H}{D_y}\int_0^t \omega\mathrm{d}t \tag{8-5}$$

式(7-5)表明积分陀螺仪测量基座转动角速度的基本关系。当陀螺角动量 H 和阻尼器的阻尼系数 D_y 都为一定值时，陀螺仪绕内环轴的输出转角 β 与输入角速度 ω 的积分成正比。正因为如此，称它为积分陀螺仪或速率积分陀螺仪。由于角速度对时间的积分就是转角，所以也可以说积分陀螺仪的输出转角是与输入转角成正比的。

单自由度液浮积分陀螺仪的结构如图 8-2 所示。

陀螺转子经过叉架支承装在作为内环的浮子中，浮子可以绕内环轴转动。在浮子内部充有密度小、传热快的惰性气体，这样，可以减小陀螺转子转动时受到的阻力，有利

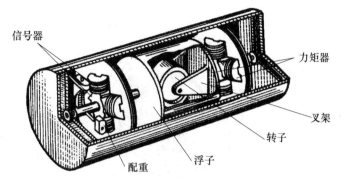

信号器

力矩器

叉架

转子

浮子

配重

图 8-2　积分陀螺仪结构示意图

于向外散发热量和防止机件氧化。在浮子与壳体之间充满比重很大的氟化物液体(比重为1.8～2.5)，使整个浮子的重量和所形成的浮力大小近似相等。因此，浮子处于全浮状态，使轴承基本上不承受负载，从而摩擦力矩大大减小。这就大大提高了仪表的灵敏度和准确性。同时，因为外界的振动和冲击作用主要是通过浮液均匀地传给浮子的，因而大大减轻了内环轴承上所承受的振动和冲击载荷，这就使仪表的抗振能力大大提高。

为了使浮力和重力很好地保持平衡，仪表采取如下措施：第一，在壳体上绕有加温电阻丝，通过温度自动调节装置使浮液的温度保持在一定的温度上(如72℃左右)；第二，在内环轴上装有配重，通过调整配重，可以改变浮子组件的重心和浮力作用点的位置。

由浮子、壳体和它们之间的浮液，组成了阻尼器。通过保持规定大小的温度，来保证阻尼系数基本不变。这一点对保证仪表的精度有重要意义。

信号器的作用是把输出转角变换成电压信号，它安装在内环轴方向。通常采用微动传感器，其转子固定在内环轴上，定子固定在表壳上。当转子相对定子出现转角时，微动传感器便产生与该转角成正比的电压信号。

力矩器的作用是对积分陀螺仪施加控制力矩，它也安装在内环轴方向。通常采用类似于微动传感器结构形式的力矩器，其转子固定在内环轴上，定子固定在壳体上。力矩器的定子上有两组线圈，一组是激磁线圈，另一组是控制线圈，当控制线圈通过控制电流时，力矩器便产生绕内环轴作用的控制力矩。

8.1.2　两自由度液浮陀螺仪

两自由度液浮陀螺也叫角位置陀螺。这种陀螺可以说完全是环架式陀螺为减小支承摩擦力矩而进行的改型，其作用原理与环架式三自由度陀螺仪完全一样，只是把陀螺房做成密闭形，并使它悬浮在液体中，以便减小和消除环架支承中的干摩擦。如图 8-3 所示，一种用于惯导系统的两自由度液浮陀螺仪，它的壳体做成球状，外环(框)也做成圆环状，内环实际就是陀螺房，做成球状，被称为浮球。浮球在壳体中是通过小而轻的万向环和宝石支承定心的，并采用高比重的浮液使浮球悬浮在陀螺外壳中。为了尽可能减小宝石支承中的摩擦，要求浮球和浮液具有相应的比重，因而选择适当的工作温度是非常重要的。为使浮液保持恒温，在壳体上绕有加温电阻丝，通过温度调节使液体保持在一定的工作温度上。

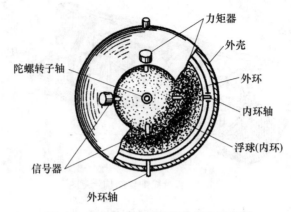

力矩器

外壳

陀螺转子轴

外环

内环轴

浮球(内环)

信号器

外环轴

图 8-3　两自由度液浮陀螺仪结构示意图

浮球内固定着由磁滞电机驱动的陀螺转子，利用动压气浮轴承或滚珠轴承支承在浮球内部。为了增强对浮液的热交换和减小风阻损耗，浮球中通常充以低于一个大气压力的惰性气体。在比较新的结构中，为了消除摩擦力的影响并提高稳定性，浮球使用磁力定心，以取代万向环和宝石支承。这种转子用动压气体轴承悬浮、陀螺球用液体悬浮，再加上磁力定心的陀螺就称为"三浮陀螺"。

两自由度液浮陀螺需要有两套相互垂直的信号器，用以检测浮球相对壳体围绕两个输出轴的转动。同样，即需要两套相互垂直的力矩器，用以对陀螺围绕两个轴施加精确的控制力矩。在装配过程中要对它们相对陀螺自转轴及其相互间的垂直度进行严格的检查。信号器、力矩器及陀螺电机的电源都需要通过导电游丝从壳体引到浮球上。导电游丝的存在限制了浮球相对壳体的角自由度；同时即使不是很大的转角，往往也会引起导电游丝的变形，因而形成对陀螺的干扰力矩。为防止浮球相对壳体有过大的角位移，通常在壳体和浮球之间装有限动挡钉，以免损坏陀螺。

美国 LTN-51 惯导系统、俄罗斯伊尔-76 飞机上的惯导系统都采用液浮的两自由度陀螺仪。

为了保证陀螺仪的漂移精度，大至陀螺驱动电机，小至一个导电环和一根软导线，在结构和工艺上都有许多复杂和严格的要求。下面不准备讨论这些具体细节问题，而是着重研究一下对提高液浮陀螺精度有着极为重要意义的"三浮"问题，即陀螺转子用动压气体轴承悬浮、陀螺房用液体悬浮、环架支承用磁力悬浮。这三点不仅是发展液浮陀螺的关键，而且对其他陀螺以及加速度计支承都有普遍意义。

8.1.3　动压气浮支承

由于陀螺仪中的马达是在每分钟几万转的高速环境下运行的，其轴承的磨损所产生的干扰力矩有很大随机性，不仅严重影响了陀螺仪的精度，也在很大程度上限制了陀螺仪的寿命。动压气浮支承则去掉了滚珠轴承结构，靠气流压力使电机轴处于悬浮状态，实行完全的气膜润滑。因而在减小磨损、保证运转稳定可靠以及承受冲击和振动等方面都远优于滚珠支承。

如图 8-4 所示为一种采用动压气浮轴承的对称型陀螺电机方案，电机定子固连于轴颈上，连同两端的止推板(一对)构成固定部件。为了使转动部件包围定子，把它设计成分裂式的，即把左右两半转动部件用螺栓固紧在一起，内侧的磁滞环也是两半合起来的，这样就使结构略为复杂一些。轴颈与转子两端的内圆孔表面之间留有 1 μm 左右的间隙，当转动部件高速旋转起来以后，依靠气体的黏性使间隙中产生增压气膜将转子径向浮起，这就是动压气浮轴颈轴承；另一方面，两端的止推板与转子的两个端面之间也留有 1 μm左右的间隙，并且在止推板上还刻有螺旋槽，当转动部件旋转起来以后，依靠螺旋槽把气体泵进(或泵出)增压，从而产生轴向承载力，这就是动压气浮推力轴承。合起来即动压气浮轴承。它是形状最简单的一种，称为"卷轴型"。

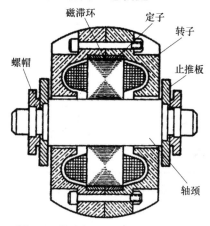

图 8-4　单电机动压气浮轴承示意图

实践证明，动压气浮轴承在减小磨损提高寿命、保证运转的稳定性和可靠性、承受冲击和提高旋转角速度等方面都已优于滚珠轴承。但造价比较昂贵，这主要是材料及工艺要求高。

动压气浮轴承的寿命是用"起—停"次数来表示的，因为它的磨损主要发生在起浮前和停转前的短暂时刻里，目前一般的寿命可达 5000 次～10000 次，采用非金属陶瓷材料时可达到 10000 次以上。

8.1.4　磁力悬浮支承

动压气体悬浮轴承，一般是用于陀螺马达的主轴承。陀螺浮子组合件的支承则用液体悬浮和磁力悬浮。在实际结构中，可以仅用液体悬浮，也可以二者同时使用。

磁力悬浮又称磁悬浮或磁浮。它是一种利用磁拉力使陀螺组合件(或加速度计浮子组件)悬浮于壳体中的支承。

在陀螺中引入磁悬浮的目的是为了在液浮卸荷的基础上进一步提高浮子枢轴的悬浮刚度和准确度，避免因平衡和温控出现误差而在宝石支承中引起有害的摩擦力矩以及大加速度时使摩擦力矩急剧增加的弊病。因此，引入磁悬浮系统是一项确保陀螺达到高精度的关键性措施，因为它使枢轴和宝石眼之间彻底避免了直接接触，同时给信号器和力矩器的精确定位提供了保证，所以它也称为磁悬浮定中心系统。

磁悬浮系统可以分为无源和有源磁浮两种，下面分别予以简要介绍。

1. 无源磁悬浮

磁悬浮支承一般使用微动同步器结构，依靠四个并联的 RLC 串振回路来给转子提供定位恢复力，其原理如图 8-5 所示。

当浮子枢轴处于中心位置时，设各回路的电感量 $L=L_0$，对应的谐振频率 $\omega_0 \approx 1/\sqrt{L_0 C}$。根据定位恢复力性质的要求，必须使实际供电频率 ω 大于零位谐振频率 ω_0，这样就使与 L_0 相对应的工作点落在曲线的下降部分。若工作点坐标恰好为 $L=L_0$，$I/I_0 = 1/\sqrt{2}$，则称为第二半功率点。

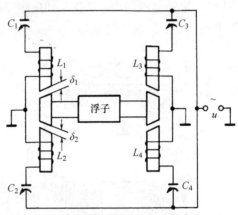

图 8-5 无源磁悬浮原理图

2. 有源磁悬浮

有源磁悬浮系统实际上是引入了几套力反馈回路来提供定位恢复力的，而其增益原则上可不受限制，因而能使悬浮刚度大幅度提高。

有源磁悬浮原理如图 8-6 所示。回路作用原理为通过上下两个电感与两个电阻组成交流电桥来感受浮子枢轴的上下位移，并从桥式回路的输出端得到差动信号，经放大、解调后再驱动功率放大器，产生足够的控制电流反馈到电感器(储能绕组)中去，从而产生需要的恢复力。这种系统实际上是一种非线性力反馈系统，电感器既是敏感元件，又是执行元件(施力元件)。

这种系统的缺点是需要一套电子设备，从而使系统变得更复杂。

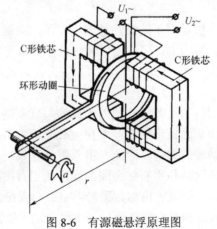

图 8-6 有源磁悬浮原理图

8.1.5 液体悬浮支承

液浮轴承为一种利用液体的静浮力或压力来悬浮陀螺组合件的轴承。由于被悬浮的浮筒或浮球与壳体金属表面不直接接触，因此它有明显的优点。但它对加工、材料、装配与温控要求也较高。

浮液是液浮陀螺仪所特有的悬浮介质。其基本功能是产生浮力卸除载荷、产生需要的阻尼和增加抗振能力。对它的基本要求可分物理特性和化学特性两方面。浮子组件的密封要求极为严格，另外安装和静平衡都是比较复杂的过程。

8.2 挠性陀螺仪

液浮陀螺仪虽然可以达到很高的精度，且有抗冲击振动等优点，但工艺太复杂、价格太昂贵。从 20 世纪 60 年代初开始，随着惯性导航系统的推广应用，尤其是在各种飞机上的使用，人们要寻求一种中等精度、结构简单、成本较低的陀螺仪，以适应广阔的惯导市场。挠性陀螺就是在这种情况下应运而生的。挠性陀螺仪去除了传统的框架支承结构，代之以挠性接头来支承转子。挠性支承实际上是一种柔软的弹性支承，可以通过自身的变形为自转轴提供所需的转动自由度。由于它的突出优点，在 20 世纪 70 年代和 80 年代各种飞机装备的惯性导航系统中，挠性陀螺仪占据了明显优势。美国空军第一代标准惯导系统 LN-39 就是挠性陀螺平台式惯导系统。

8.2.1 挠性支承原理

在挠性陀螺仪中，转子是由挠性接头来支承的。挠性接头是一种无摩擦的弹性支承，最简单的结构是做成细颈轴，转子借助于挠性接头与驱动轴相连，如图 8-7(a)所示。驱动电动机的转轴叫驱动轴，经过挠性接头使转子高速旋转，从而产生陀螺角动量 H。挠性接头允许转子绕着垂直于自转轴的两个正交轴方向旋转，它很容易弯曲即很"柔软"，从而使转子轴获得绕这两个正交轴的转动自由度。也就是说，挠性陀螺仪的转子具有三个转动自由度，属于三自由度陀螺仪。所以，挠性陀螺仪同样具有三自由度陀螺仪的基本特性，即陀螺仪的进动性和稳定性。例如，当基座绕着垂直于自转轴的方向出现偏转角时，将带动驱动轴一起偏转同一角度，但陀螺自转轴相对惯性空间仍然保持原来的方位稳定，如图 8-7(b)所示。

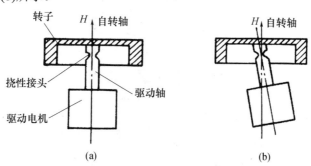

图 8-7　细颈式挠性支承转子的结构示意图

由于挠性接头易弯曲，"挠"即弯曲的意思，所以"挠性"二字形象地表示了这种支承形式的特点。挠性接头支承转子的原理与我国杂技艺术中的"转碟"有些相似。这里的转子相当于"转碟"中的瓷碟，带挠性接头的驱动轴相当于"转碟"中富有弹性的细长杆，而驱动电机相当于演员的手腕，但"转碟"中的碟和杆是可以脱离的，而挠性陀螺仪中的转子和驱动轴是用挠性接头固连在一起的。

这种细颈式挠性陀螺仪，在对支承变形时的固有弹性力矩进行补偿时，难度大，精度低，难以达到惯性级要求。为从根本上解决这一问题，必须对挠性陀螺仪的支承结构做进一步改进。1962年美国提出动力调谐新概念后，动力调谐补偿的挠性支承很快出现，并显示出它的优越性。目前用于惯导系统的挠性陀螺仪，基本上是属于这种动力调谐式的，本文所介绍的内容也是这种类型的。

在动力调谐式挠性陀螺仪中，驱动轴与转子之间的挠性接头已不再是一根细颈轴，而是由两对相互垂直的扭杆和一个平衡环组成，如图 8-8 所示。一对共轴线的内扭杆与驱动轴及平衡环固连，另一对共轴线的外扭杆与平衡环及转子固连。内扭杆轴线垂直于驱动轴轴线，外扭杆轴线垂直于内扭杆轴线，并且内、外扭杆轴线与驱动轴轴线相交于一点。

当驱动电机使驱动轴旋转时，驱动轴通过内扭杆带动平衡环转，平衡环再通过外扭杆带动转子旋转。当转子绕内扭杆轴线有转角时，通过外扭杆带动平衡环一起绕内扭杆轴线偏转，这时内扭杆产生扭转弹性变形。当转子绕外扭杆轴线有转角时，并不会带动平衡环绕外扭杆轴线偏转，仅是外扭杆产生扭转弹性变形。由内、外扭杆和平衡环所组成的挠性接头，一方面起到支承转子的作用，另一方面又提供了所需的转动自由度。因此，内、外扭杆绕其自身轴线应具有低的扭转刚度，而绕与内、外扭杆轴线垂直的方向应具有高的抗弯刚度。

在动力调谐式挠性陀螺仪中，当自转轴与驱动轴之间出现相对偏角时，由于扭杆的扭转变形，同样会产生弹性力矩作用到转子上，即它同样具有一般的机械弹簧效应。但是，这种挠性接头又与细颈式的有着根本的区别。当自转轴与驱动轴之间出现相对偏角时，由于平衡环的振荡运动或称扭摆运动，它将产生一个与一般的机械弹性力矩方向相反的动力反弹性力矩作用到转子上，即它存在有所谓"动力反弹簧效应"。

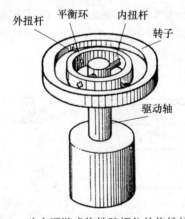

图 8-8 动力调谐式挠性陀螺仪的挠性接头

8.2.2 平衡环的振荡(扭摆)运动

动力调谐陀螺仪补偿挠性接头弹性力矩的基础,是基于平衡环的振荡运动。当驱动轴带动转子高速旋转时,转子将保持其自转轴相对惯性空间的方位稳定。当自转轴与驱动轴之间存在相对偏角时,自转轴在空间的方位仍保持不动。但由于这种支承结构的特点,两对相互正交的挠性轴都只能产生扭转变形而不能产生弯曲变形,导致平衡环必然产生振荡运动。下面从转子旋转一周的过程中,观察平衡环的运动过程。

设机体(壳体)坐标系为 $Ox_by_bz_b$,其中 z_b 轴与驱动轴线重合;又取 $Ox_2y_2z_2$ 平衡环坐标系与平衡环固连,其中 x_2、y_2 轴分别与内、外扭杆轴线重合;驱动轴转动角度定义为 θ;平衡环绕内扭杆转动角度定义为 γ;转子绕外扭杆转动角度定义为 φ。

设仪表壳体绕壳体轴 x_b 的负向转动,而使自转轴绕 x_b 的正向偏转一个 β 角。在这种情况下,转子旋转一周的过程中,转子、平衡环、内外扭杆以及壳体坐标系、平衡环坐标系的位置,如图 8-9 所示。图 8-9(A)为转子平面、平衡环平面和驱动轴在旋转一周时的位置。图 8-9(B)为俯视图,表示平衡环坐标系、壳体坐标系在旋转一周时的位置。

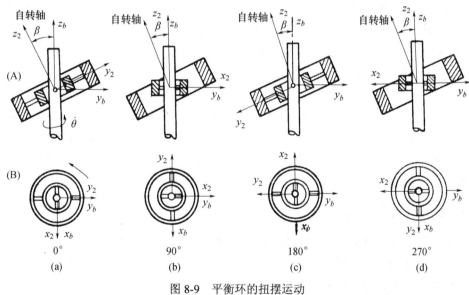

图 8-9 平衡环的扭摆运动

图中位置(a):是计算驱动轴转角 θ 的初始位置。这时内扭杆轴线 x_2 与壳体轴 x_b 重合。自转轴绕壳体轴 x_b 的正向转过一个 β 角,也即绕内扭杆轴线 x_2 的正向转过一个 β 角。由于内扭杆的扭转刚度很小而外扭杆的抗弯刚度很大,所以转子和平衡环也必然绕内扭杆轴线 x_2 的正向相对驱动轴转过同一个 β 角,$\gamma = \beta$。这时内扭杆产生扭转变形,而外扭杆的扭转变形为 0,$\varphi = 0$。内扭杆扭转变形所产生的弹性力矩通过平衡环和外扭杆作用到转子上。

图中位置(b):当驱动轴旋转 90° 时,通过抗弯刚度很大的内扭杆带动平衡环,平衡环再通过抗弯刚度很大的外扭杆带动转子一起旋转 90°。在这个瞬时,外扭杆轴线 y_2 转

动到沿壳体轴 x_b 的负向，但自转轴仍然保持原来的方位不变，故自转轴必然绕外扭杆轴线 y_2 的负向相对驱动轴转过一个 β 角，$\varphi = -\beta$。由于外扭杆的扭转刚度很小而内扭杆的抗弯刚度很大，所以平衡环必然绕内扭杆轴线 x_2 转回到原来的位置，$\gamma = 0$。这时是外扭杆产生扭转变形，而内扭杆的扭转变形为零。外扭杆扭转变形所产生的弹性力矩直接作用到转子上。

图中位置(c)：当驱动轴再旋转 90° 时，带动内扭杆、平衡环、外扭杆及转子一起再旋转 90°。在这个瞬时，内扭杆轴线 x_2 转动到沿壳体轴 x_b 的负向。因自转轴仍然保持原来的方位不变，故此瞬时自转轴必然绕内扭杆轴线 x_2 的负向相对驱动轴转过一个 β 角。由于内扭杆的扭转刚度很小而外扭杆的抗弯刚度很大，所以平衡环也必然绕内扭杆轴线 x_2 的负向相对驱动轴转过一个 β 角，$\gamma = -\beta$，与位置(a)时的情况相反。这时是内扭杆产生反方向的扭转变形，而外扭杆的扭转变形为零，$\varphi = 0$。内扭杆扭转变形所产生的弹性力矩通过平衡环和外扭杆作用到转子上。

图中位置(d)：当驱动轴再旋转 90° 时，带动内扭杆、平衡环、外扭杆以及转子一起再旋转 90°。在这个瞬时，外扭杆轴线 y_2 转动到沿壳体轴 x_b 的正向。因自转轴仍然保持原来的方位不变，故此瞬时转子自转轴必然绕外扭杆轴线 y_2 的正向相对驱动轴转过一个 β 角，$\varphi = \beta$，与位置(b)的情况相反。由于外扭杆的扭转刚度很小而内扭杆的抗弯刚度很大，所以平衡环必然绕内扭杆轴线 x_2 转回到原来的位置，$\gamma = 0$。这时是外扭杆产生反方向的扭转变形，而内扭杆的扭转变形为零。外扭杆扭转变形所产生的弹性力矩直接作用到转子上。

当驱动轴再旋转 90° 时，又恢复到图中位置(a)的情况。由此看到，驱动轴带动转子旋转一周的过程中，转子连同平衡环绕内扭杆轴线相对驱动轴的转角，以及转子绕外扭杆轴线相对驱动轴的转角，均是按简谐振荡规律作一个周期的变化。振荡的幅值等于自转轴相对驱动轴的偏角，振荡的频率等于转子旋转的频率。

8.2.3　动力调谐过程

由于平衡环的振荡运动，为挠性陀螺仪提供了一个可调的反(负)弹性力矩，可以用来补偿挠性支承所固有的机械弹性力矩。所谓"动力调谐"，就是指这两种力矩正好抵消。那么条件是什么呢？下面具体分析。

转子绕内、外扭杆分别转动一定的角度时，因其扭转变形，将分别产生弹性力矩，它的方向与转子偏转的方向相反，大小与转角成正比，并且这两个力矩均沿各自的扭杆作用到转子上。

在平衡环扭摆时还同时有一个惯性力矩也作用在转子上。平衡环绕内、外扭杆轴线都有角加速度，必然存在绕内、外扭杆轴线的转动惯性力矩。平衡环高速旋转的同时又绕内、外扭杆轴线有角速度，必然存在绕内、外扭杆轴线的哥氏惯性力矩即陀螺力矩。平衡环的惯性力矩就是由转动惯性力矩和哥氏惯性力矩所组成的。

平衡环的惯性力矩并不作用于平衡环本身，而是作用在使平衡环产生运动的物体上，即它是作用在与平衡环相约束的转子和驱动轴上。由于内扭杆的扭转刚度很小而外扭杆的抗弯刚度很大，所以绕内扭杆轴线的惯性力矩可以经过外扭杆作用到转子上。由于内扭杆的抗弯刚度很大而外扭杆的扭转刚度很小，所以绕外扭杆轴线的惯性力矩就经过内扭杆作用到驱动轴上，而作用不到转子上。也就是说，由于挠性支承的结构特点，平衡环惯性力矩的一部分作用到转子上，另一部分作用到驱动轴上。但在这里我们所关心的是平衡环作用到转子上的那一部分惯性力矩，即绕内扭杆轴线的那一部分惯性力矩。

综合考虑挠性轴产生的弹性力矩和动力反弹性力矩，作用在转子上的常值力矩为：

$$\left.\begin{aligned} M_x &= M_{sx} + M_{nx} = -[K_s - (I_e - \frac{I_z}{2})\dot{\theta}^2]\beta \\ M_y &= M_{sy} + M_{ny} = -[K_s - (I_e - \frac{I_z}{2})\dot{\theta}^2]\alpha \end{aligned}\right\} \tag{8-6}$$

定义剩余刚性系数 K 为：

$$K = K_s - (I_e - \frac{I_z}{2})\dot{\theta}^2 \tag{8-7}$$

只要适当选择扭杆刚性系数 K_s、转子的自转角速度 $\dot{\theta}$ 以及平衡环的转动惯量 I_e 和 I_z，可以做到扭杆的刚性系数与动力反弹簧的刚性系数相等，也就是说可以做到剩余刚性系数为零。在这种情况下，平衡环的动力反弹性力矩正好补偿了挠性支承的机械弹性力矩，或者说平衡环的动力反弹簧效应正好补偿了挠性支承的机械弹簧效应。也只有在这种情况下，转子才不受到挠性支承的弹性约束，自转轴的锥形进动才会消失，即自转轴相对惯性空间才会具有很高的方位稳定性。这就是所谓"动力调谐"。基于这种动力调谐原理而做成的挠性陀螺仪，就叫做动力调谐式挠性陀螺仪或简称动力调谐陀螺仪。

显而易见，上式所表达的动力调谐条件，是动力调谐式挠性陀螺仪所必须满足的一个重要条件。满足了 $K = 0$ 条件，我们称挠性陀螺仪处于调谐状态。若 $K > 0$，则称为欠调谐状态;若 $K < 0$，则称为过调谐状态。

在扭杆的刚性系数 K_s，以及平衡环的转动惯量 I_e 和 I_z 一定的情况下，剩余刚性系数 K 则随转子的自转角速度而改变，表示了这个关系，我们可以通过控制转子的转速使之达到调谐状态。

8.2.4 挠性陀螺仪的结构特点

动力调谐式挠性陀螺仪的结构如图 8-10 所示。它主要由以下五部分组成：

1. 转子

陀螺转子的作用是：一方面提供陀螺仪的动量矩，另一方面力矩器磁钢安装在转子上，转子也作为力矩器磁路并提供磁通量。转子应保持质心稳定，为此除选用温度系数相匹配的材料外，还要设置平衡调整机构，以保证转子的精确平衡。

2. 驱动电机

驱动电机是动力调谐陀螺仪转子高速旋转的动力，一般采用同步磁滞电机。为了使陀螺仪在恒定调谐转速下工作，对转子转速的稳定性要求很严格，而转速的稳定性又取决于电源频率的稳定性，一般要求频率的稳定度在 $10^{-4} \sim 10^{-6}$。

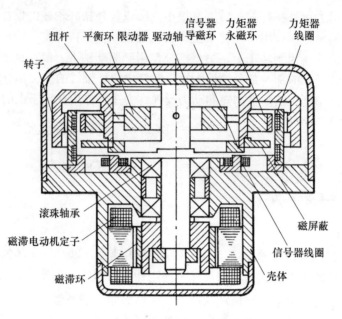

图 8-10　动力调谐式挠性陀螺仪的结构

驱动轴一般采用滚珠轴承来支承。由轴承驱动轴引起两倍旋转频率的角振动，将引起陀螺的漂移误差，因而要对滚珠轴承系统提出要求：减小漂移，延长寿命。

3. 挠性接头

动力调谐式挠性陀螺仪的关键就是它的支承部分即挠性接头，挠性陀螺仪的性能在很大程度上取决于挠性接头的性能。从挠性接头的基本结构来看，它必须具有平衡环，并具有两对相互正交并分别与驱动轴和转子相连的内、外扭杆。从动力调谐的基本原理来看，由平衡环振荡运动所产生的动力反弹簧的刚性系数，应当与内、外扭杆的刚性系数相等。要求扭杆绕其自身轴线的刚度低而抗弯刚度高；同时沿驱动轴轴向和沿驱动轴径向的强度要高，使之能足够承受使用条件下可能出现的加速度、振动和冲击；还要保证挠性接头绕驱动轴轴向的扭转强度要高，以便将驱动轴的驱动力矩传递到转子；挠性接头中的内、外扭杆轴线应当正交，并且位于驱动轴轴线上。

动力调谐式挠性接头的形式，根据平衡环和内、外扭杆是由不同零件组合而成还是由一块材料加工成一个整体，可分为分离式结构和整体式结构。国内目前绝大多数使用的是整体式结构。整体式挠性接头克服了分离式挠性接头组合装配时扭杆轴线不易对准与正交的缺点。这种整体式结构就是整个接头，包括驱动轴的一部分、平衡环的一部分、转子的一部分以及内、外扭杆的全部，均由同一块弹性材料加工出来。这样可以充分利用加工设备的精度来保证内、外扭杆轴线的精确位置。

图 8-11 所示为一种典型的整体式挠性接头的结构，它主要由内铰链、外铰链和转子安装环三部分组成，其中内铰链套装在外铰链的里面，而转子安装环套装在外铰链的外面。

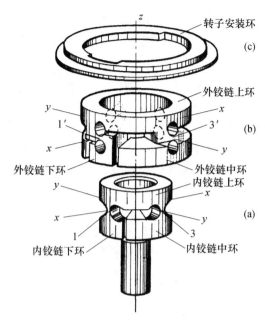

图 8-11　整体式挠性接头的组成

如图 8-11(a)所示，内铰链是一个带驱动轴的空心圆柱形弹性材料，在平行于 x 轴和 y 轴方向分别镗出两对通孔，这些孔均分布在同一个圆周上，但它们不是沿圆筒的半径方向镗的。各对应两孔之间分别形成细颈 1 和 2 以及 3 和 4(图中仅看到 1 和 3)，细颈 1 和 2 是径向对称，3 和 4 也是径向对称且与 1 和 2 正交。然后在相应孔之间开通扇形槽，并且开出四个直槽(图中仅看到两个直槽)，结果把这个带细颈的圆筒分割成三个部分即下环、上环和中环。与驱动轴相连的下环通过细颈 1 和 2 与上环相连，上环又通过细颈 3 和 4 与中环相连。

细颈 1 和 2 绕 x 轴线的扭转刚度很低，细颈 3 和 4 绕 y 轴线的扭转刚度很低，然而它们的抗弯刚度都很大，这是由于这些细颈沿径向的厚度都远远大于最窄处厚度的缘故。所以，如果我们一只手拿住下环或驱动轴，另一只手拿住中环，就会发现中环通过抗弯刚度很大的细颈 3 和 4，会连同上环一起极易绕 x 轴相对下环作小角度偏转；同时还会发现中环极易绕 y 轴相对上环作小角度偏转，通过抗弯刚度很大的细颈 1 和 2 的约束，也就是中环极易绕 y 轴相对下环或驱动轴作小角度偏转。若是把转子固连在中环上，那么转子相对下环或驱动轴就具有两个转动自由度了。

显然，这样的接头沿轴向(指 z 轴方向)具有高的刚度和强度，能够承受沿轴向的冲击和振动；但它沿径向(指 x 和 y 轴方向)的刚度和强度却很低，不能承受沿径向的冲击和振动；而且绕轴向的扭转强度也很低，无法承担驱动轴传递给转子的驱动力矩。因此，单独地使用这样的接头是不能满足要求的。

如图 8-11(b)所示，外铰链是一个空心圆柱形弹性材料，在平行于 x 轴和 y 轴方向分别镗出两对通孔，其中四个孔分布在一个圆周上，四个孔分布在另一个圆周上，并且这些孔均是沿半径方向镗的。各对应两孔之间分别形成细颈 1′ 和 2′ 以及 3′ 和 4′(图中仅看到 1′ 和 3′)，细颈 1′ 和 2′ 是径向对称，3′ 和 4′ 也是径向对称且与 1′ 和 2′ 正交。然后在相应孔之间开通扇形槽，并且开出四个直槽(图中仅看到两个直槽)，结果也把这个带细颈的圆筒分割成三个部分即下环、上环和中环。下环通过细颈与上环相连，上环又通过细颈与中环相连。

细颈 1′和 2′绕 x 轴线的扭转刚度很低，细颈绕 y 轴线的扭转刚度很低，然而它们的抗弯刚度都很大，这也是由于这些细颈沿径向的厚度都远远大于最窄处厚度的缘故。所以，如果我们一只手拿住下环，另一只手拿住中环，就会发现中环通过抗弯刚度很大的细颈 3′和 4′，会连同上环一起极易绕 x 轴相对下环作小角度偏转；同时还会发现中环极易绕 y 轴相对上环作小角度偏转，通过抗弯刚度很大的细颈 1′和 2′的约束，也就是中环极易绕 y 轴相对下环作小角度偏转。若是把转子固连在中环上，那么转子相对下环同样是具有两个转动自由度的。

显然，这样的接头沿径向(指 x 和 y 轴方向)具有高的刚度和强度，能够承受沿径向的冲击和振动，而且绕轴向(指 z 轴方向)具有高的扭转强度，可以承担驱动轴传递给转子的驱动力矩；但它沿轴向的刚度和强度却很低，不能承受沿轴向的冲击和振动。因此，单独地使用这样的接头也是不能满足要求的。

如果将内、外铰链套在一起，并使内、外铰链的细颈相应对准，然后将各自的下环、上环和中环分别对应焊接固连，则从下环或驱动轴到中环之间便形成一个整体式接头。这样的接头兼有原来内、外铰链的优点：绕 x 轴和 y 轴具有低的扭转刚度，沿 z 轴、x 轴和 y 轴具有高的刚度和强度，并且绕 z 轴具有高的扭转强度。

在这种整体式接头中，内、外铰链的上环焊接在一起就构成了平衡环，两个中环焊接在一起用来安装转子，而两个下环焊接在一起就相当于驱动轴。内、外铰链的细颈 1 和 1′以及 2 和 2′一起构成整体式的内扭杆，其挠性轴线为 x 轴线；细颈 3 和 3′以及 4 和 4′一起构成整体式的外扭杆，其挠性轴线为 y 轴线。这样的内、外扭杆都是由两对"十"字形细颈所组成。

实际的转子是一个组合件，其上安装有与信号器和力矩器有关的零件，例如电感式信号器的导磁环、永磁式力矩器的磁钢环等。为了便于转子和接头中环相连接，往往在接头的中环预先装有转子安装环。转子安装环是一个带法兰盘的圆环，它套在中环的外面，用焊接的方法与中环固连。但为了实现转子绕 y 轴的转动自由度，在靠近下环处不能与下环相接触，而必须相隔一定的距离，故在安装环上与下环对应处开有两个凹槽。转子可以用螺钉或胶合等方法固连在转子安装环的法兰盘上。但有的整体式接头中没有单独的转子安装环，而是在中环上直接带有转子安装环。

4. 信号器

信号器用来检测陀螺转子相对壳体两正交进动轴的偏转角。其性能的好坏，对陀螺仪的精度有直接影响。通常，要求它的零位偏差角要尽量小，阈值要小，干扰力矩要小。目前国内外挠性陀螺大多数采用的是差动变磁阻(变电感)角度信号器。

变磁阻角度信号器也叫电感传感器，它是将机构转角或线位移转变为电感变化，通过测量电路又把电感的变化转变为电信号输出的敏感元件。电感传感器是无接触式的传感器，它构造简单，工作可靠，灵敏度高，非灵敏区较小，在自动控制系统和航空仪表中获得了广泛的应用。

5. 力矩器

力矩器用来沿两进动轴对转子施加修正力矩或补偿力矩。目前挠性陀螺仪大多数采用的是永磁式力矩器。其结构紧凑、简单可靠、稳定性好、对称性好、线性度高，在给定体积下能提供较大的力矩，其结构如图 8-12 所示。

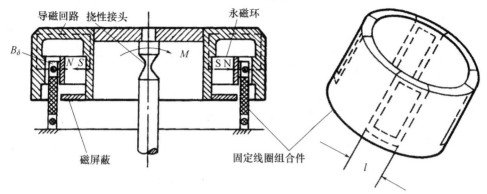

图 8-12 永磁式力矩器

力矩器的定子线圈固定在仪表壳体上，而永磁体转动，图中凹槽圆环式导磁回路内装有圆环形永久磁铁，其径向充磁。永久磁铁表面还覆有一层薄软磁极掌，使由永久磁铁建立的气隙径向辐射磁场均匀而集中。导磁回路下端磁屏蔽起自屏蔽作用。这种力矩器的磁路部分就是高速旋转的转子轮缘，它构成了转子角动量的主要部分。

圆环形线圈组件固定在陀螺壳体上，上端线圈有效边正好伸入在转子均匀辐射磁场气隙中。线圈组件有四个正交配置的矩形线圈，径向相对的两线圈串联反接，因此就可分别沿两个正交进动轴对转子加力矩。这样，由一个转子磁铁组件和一个线圈组件就构成了双轴力矩器。

经过精心设计和调试，永磁式力矩器的线性度、对称性和刻度因数稳定性在整个额定工作范围内均可达到很精密的等级。

8.2.5 挠性陀螺仪的特点

挠性陀螺仪由于利用挠性接头来支承转子，也可以说它是利用挠性支承有规律的可以补偿的弹性力矩，代替了一般支承无规律的无法补偿的摩擦力矩从而实现高精度的。由于支承原理上的改革，挠性陀螺仪具有以下几个方面的优点：

(1) 消除了影响陀螺仪性能的摩擦等干扰因素。

由于采用了挠性支承，就从根本上消除了支承的摩擦力矩。同时，还消除了环架式陀螺仪所不可避免的通至陀螺电动机的输电引线的干扰力矩。又因挠性支承是一种旋转支承，转子和平衡环质心径向偏移所形成的不平衡力矩在转子旋转时被平均掉了。驱动轴滚珠轴承所产生的驱动轴的轴向偏移和角振动(两倍于旋转频率的角振动除外)以及噪声等，对陀螺仪性能并无直接影响。而且它的驱动电机装在仪表壳体上，旋转部分没有任何电气绕组组件，保证了陀螺仪质心的稳定。因此，挠性陀螺仪易于实现高性能。

(2) 体积小、重量轻、结构简单、成本较低。

挠性陀螺仪的转子安排在支承的外面，而液浮陀螺仪的转子则安排在支承的里面，因此在同样角动量下挠性陀螺仪的体积和重量将大大减小。挠性陀螺仪的结构简单，零部件数量较少，加工也比较容易，而且它不需要装调液浮陀螺仪那样的超净工作条件，省去同液浮有关的一系列专用设备，因此它的成本较低，维修也较容易，适合于大批生产。

(3) 可靠性好。

由于挠性陀螺仪结构简单，不存在液浮陀螺仪所带来的浮子组合件的气密性问题，无需通至陀螺电动机的输电引线，这些都意味着仪表工作可靠性的提高和寿命的延长。

(4) 工作准备时间短。

因为挠性陀螺仪没有浮液，不像液浮陀螺仪那样需要精密的温控装置和较长的加温时间，所以它从通电到达到额定的仪表精度的时间缩短了，这样也就缩短了惯性导航系统的准备时间。

综上来看，挠性陀螺仪主要是动力调谐式挠性陀螺仪，其精度已同中等液浮陀螺仪相当，但结构简单，加工容易，成本较低，可靠性好，因此是一种高性能和低成本的惯性级陀螺仪。

美国在1962年提出动力调谐这一概念后，经过数年时间的研制，从20世纪70年代以后服役的军用和民用飞机，几乎大多装备了挠性陀螺惯导系统，很快替换了原先飞机上装备的液浮陀螺惯导系统。此后一段时间，法国、英国、德国和苏联都先后研制了不同型号的挠性陀螺仪。不论平台式惯导还是捷联式惯导，不论航空、航天还是舰船都广泛使用了动力调谐式挠性陀螺仪。

但是，挠性陀螺仪也存在一些不足之处。例如，由于挠性支承是一种弹性支承，对于承受加速度和冲击就有一定的限制。这种弹性支承刚性系数的稳定性和在高速旋转振荡条件下的疲劳寿命等，就是一个需要通过实践努力加以解决的问题。此外，研究动力调谐式支承结构本身所引起的新的误差源及其补偿方法，也是进一步提高挠性陀螺仪精度所必须加以解决的问题。还有，挠性陀螺仪的可靠性、寿命等影响实际使用的一些其他问题，也都有待于研究加以解决。

8.3　静电陀螺仪

8.3.1　静电陀螺仪的组成及基本原理

液浮陀螺仪或挠性陀螺仪的转子都用机械方法来支承，而静电陀螺仪的转子则是由静电吸力来支承的。在静电陀螺仪中，转子做成球形，并放置在超高真空的强电场内，由强电场所产生的静电吸力将其支承或称悬浮起来。如图8-13所示，球形转子与球面电极之间的间隙很小，球面电极上接通高电压，而球形转子为零电位。这样，就在电极与转子之间形成场强很高而且是均匀的静电场。若电极为正电时，则静电感应使转子对应表面带负电，由于正电与负电的相互吸引作用，就产生了静电吸力。若电极为负电时，则静电感应使转子对应表面带正电，同样也会产生静电吸力。

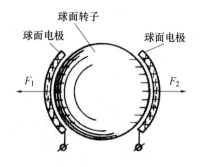

图 8-13 静电支承原理

但是，如果电极上所加的电压是不可调节的固定数值，仍然起不到支承转子的作用。这是因为当转子相对电极有一个位移时，转子与对应两个电极之间的间隙起了变化，间隙变小一端的电极对转子的静电吸力增大，而间隙变大一端的电极对转子的静电吸力减小，这样就把转子吸引到间隙变小的那一端电极上而破坏了支承作用。因此，当转子出现位移时，必须自动调节对应两个电极上所加的电压大小，使间隙变小一端电极上所加的电压减小从而静电吸力减小，并使间隙变大一端电极上所加的电压增大从而静电吸力增大，这样才能把转子拉回到中间位置而起到支承转子的作用。

如果沿三个正交轴方向在球形转子外面配置有三对球面电极，并且每对电极上所加的电压都是可自动调节的，那么球形转子就被支承在三对球面电极的中心位置上了。在实际的静电陀螺仪中，转子是用铍等比重较小的金属做成空心或实心球体，放置在陶瓷壳体的球腔内，球腔壁上用陶瓷金属化的办法制成三对球面电极。由支承线路来敏感转子相对电极的位移，并自动调节加到各对应电极上的电压大小。

为了得到较大的静电吸力而将转子支承起来，电极与转子之间的电场强度应足够高，一般达 200000 V/cm～400000 V/cm。电场强度与电极上的电压成正比，并与电极—转子之间的间隙成反比，所以电极上的电压一般加到 1000 V 以上，而电极与转子之间的间隙一般仅为 5 μm～50 μm，由此得到足够高的电场强度。

为了在这样高的电场强度下防止转子和电极之间发生高压击穿，同时为了减小转子转动时所受到的气体阻尼作用，陶瓷球腔内需维持超高真空状态，真空度一般达到 1.33×10^{-4} Pa～1.33×10^{-6} Pa。在这样的超高真空条件下，转子由起动线圈作用而达到额定转速以后则靠惯性运转，延续时间可达几个月甚至几年。

这种静电支承的转子绕三个正交轴方向都可以自由地转动，而且自转轴相对壳体的转角的范围不受任何限制。所以，静电陀螺仪同样具有三自由度陀螺仪的进动性和稳定性。当静电陀螺仪的壳体转动时，陀螺自转轴相对惯性空间仍然保持原来的方位稳定。我们在转子表面上刻线并采用光电传感器，便可测得壳体相对自转轴的转角。

静电陀螺仪的组成如图 8-14 所示。主要部分是球形转子和带有球面电极的陶瓷壳体组件。此外，还有光电传感器、钛离子泵、起动线圈和定中线圈等部件。

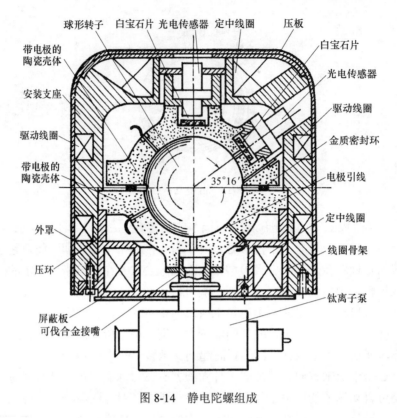

图 8-14　静电陀螺组成

1. 球形转子

球形转子的结构形式有空心球和实心球两种。

空心球转子也称为薄壁球转子，它是由铍做成两个薄壁半球，并由真空电子束焊接而成。球外径的典型尺寸为 38 mm 或 50 mm。球壁厚一般为 0.4 mm～0.6 mm，但在赤道处加厚即具有一个对称于极轴的赤道环，以使转子绕极轴的转动惯量最大，这样极轴便成为唯一稳定的中心惯性主轴。

对转子表面的表面粗糙度和不圆度都有极高的要求，一般要求表面粗糙度在 0.04 μm 以内，不圆度小于 0.1 μm。而且，还要求转子的质量分布均匀对称。这些要求必须采用精细的研磨工艺才能实现。

在相同质量的前提下，空心球转子的直径可以做得较大，从而获得较大的静电支承力和承载能力，同时还可得到较大的转动惯量。但空心球转子在高速旋转时离心变形较大，动态球形度不易控制，导致较大的静电场干扰力矩，因而限制了陀螺精度的进一步提高。实心球转子在高速旋转时的离心变形小，质量稳定性好，易于实现低漂移，这是一个突出的优点。另外，采用小球结构可使仪表的体积、重量及功耗减小，还可简化工艺和降低成本。其不足之处是陀螺承载能力不如采用空心球转子大，而且所要求的电子线路更为复杂。

2. 球面电极与陶瓷壳体

如图 8-15 所示，支承球形转子所需的超高真空球腔和球面电极，是由两个带球面电极的陶瓷壳体密封装配而成。电极与转子间的间隙，对于直径为 38 mm 的空心转子一般取 5 μm，对于直径为 10 mm 的实心转子一般取 5 μm～7.5 μm。

陶瓷壳体的结构形式通常为厚壁半球碗，俗称陶瓷碗。在它的球腔内壁上制成球面电极。在有关位置上开有电极引线针孔、光电传感器的通光孔，以及抽真空所需的通气孔等。在其开口端的外缘处还有连接螺钉孔及定位销孔。

陶瓷碗毛坯由氧化铝、氧化铍或其他高性能的陶瓷材料烧结而成。陶瓷碗毛坯经金刚砂轮磨削和金刚砂研磨，使内球面、端面及有关配合表面达到一定精度后，在内球面要进行陶瓷金属化处理及电镀，然后经超声波切割电极槽，便形成相互绝缘的电极，球面电极之间的切槽宽度不少于 1 mm～2 mm，以保证电极之间的绝缘。

球面电极划分的基本方案有正六面体电极和正八面体电极两种。对于空心球转子，一般采用前者；对于实心球转子，一般采用后者。

正六面体电极如图 8-16 所示。在电极所在的球面作内接正六面体，自球心引至正六面体各棱边的射线与球面相交，将球面划分成面积和形状都相同的六块电极，即为正六面体电极。球心与各电极中心的连线组成三轴正交坐标系，故可构成三轴正交支承系统。

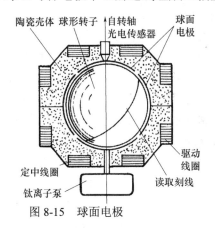

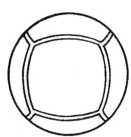

图 8-15　球面电极　　　　　　　　　图 8-16　正六面体电极

两个陶瓷碗之间的密封通常采用金质密封环。在陶瓷碗的端面上放置的金环，当连接螺钉拧紧时产生塑性变形而起到密封作用。在密封连接后，由外部泵将球腔内抽成超高真空，再依靠表内的小型钛离子泵定期点燃，吸收残余气体分子，以维持所需的超高真空度。

3. 驱动线圈与定中线圈

驱动线圈用来产生旋转磁场，使转子获得所需的转速。两对驱动线圈固装在陶瓷壳体的四周，两对线圈的轴线成 90° 交角。当驱动线圈通以两相交流电时，形成旋转磁场，在转子表面上感应出电流；感应电流与旋转磁场的作用结果，便产生驱动力矩，驱使转子作角加速旋转。对于空心球转子，额定转速通常取 10000 r/min～60000 r/min；而对于实心球转子，其额定转速通常取 150000 r/min～210000 r/min。

在转子被驱动旋转时，实际的转轴并不是转子本身的极轴(惯性主轴)，转子的极轴将围绕转轴作圆锥运动。为了消除这种运动，必须有定中线圈对转子施加力矩。两个定中线圈固装在陶瓷壳体的上、下两端。当定中线圈通以直流电时，产生与旋转轴线相一致的恒定磁场；旋转的转子在恒定磁场中受到力矩作用，转子极轴与磁场方向趋于一致，亦即极轴与转轴趋于一致，从而使转子绕极轴作稳定旋转。在定中过程结束后，转子的转轴和极轴均与壳体零位对准。

在起动过程中，转子的加速旋转和定中运动实际上是同时进行的。当转子在超高真空球腔里被支悬起来后，对驱动线圈和定中线圈同时通电，使转子达到额定转速和定中位置。此后，切断驱动线圈和定中线圈的供电，转子在超高真空条件下依靠惯性旋转。

8.3.2 静电陀螺仪的特点

同其他类型的陀螺仪相比，静电陀螺仪有其独特的优点。因为静电陀螺仪利用静电支承代替机械支承，并且转子是在超高真空的球腔里旋转，所以它消除了机械连接所引起的干扰力矩，例如摩擦力矩或弹性约束力矩，同时也避免了液体或气体扰动等引起的干扰力矩。支承原理上的这种改革，极大地提高了陀螺性能。静电陀螺仪的随机漂移率可达 0.001°/h 甚至 0.0001°/h。

由于静电陀螺仪中只有一个活动部件即高速旋转的转子，所以它的机械结构也比其他类型的陀螺仪要简单一些，而且也相应提高了仪表工作的可靠性。

在静电陀螺仪中，自转轴相对仪表壳体的转角范围不受限制，故可用来全姿态测角，即可在任意大角度范围内测量航行体的姿态转角。此外，它还能承受较大的加速度、振动和冲击，而且易于实现多功能，即一个静电陀螺仪还可兼起到三个加速度计的功用。

综上来看，静电陀螺仪是一种精度很高且结构比较简单的惯性级陀螺仪，尤其适合于作为高精度惯性导航系统的敏感元件。无论是对于舰船、潜艇的惯性导航系统，或是对于飞机的惯性导航系统以及导弹的惯性制导系统，都是适用的。它不仅适用于平台式惯导系统，而且特别适用于捷联式惯导系统。

静电陀螺仪的工艺要求很高，因为转子或电极的极微小的几何形状误差，都会形成干扰力矩而造成陀螺漂移。所以对这些零件的加工精度要求很高，而且这些零件本身的工艺也比较复杂。静电陀螺仪还需要有比较复杂的电子装置作为支承系统和读取系统。由于这些原因，其制造成本就比较高。此外，它的角度输出的精度较低，而且对漂移误差的补偿也比较复杂。

从理论上来说，静电陀螺仪可以达到较高的精度。正是因为存在复杂的超精加工工艺的困难，所以，从 1952 年提出静电陀螺仪原理并开始实验室研制，经过了较长的发展时期，直到 20 世纪 70 年代末才进入实用阶段。但是，由于静电陀螺仪没有机械连接所造成的干扰力矩，在其发展过程中一旦突破了技术关键，精度的提高就十分迅速。例如，国外在 20 世纪 70 年代初研制的静电陀螺仪样机，经过一年时间陀螺漂移率就从 0.015°/h 降低到 0.001°/h，再经过一年时间陀螺漂移率又降低到 0.0001°/h，即几乎是每隔一年就使精度提高一个数量级。而液浮陀螺仪漂移率在 20 世纪 60 年代达到 0.01°/h～0.001°/h，经过 10 年的努力，它的精度才提高一个数量级。这说明要达到同样的精度，结构简单的静电陀螺仪比结构复杂的液浮陀螺仪要容易些。

美国霍尼韦尔公司研制的由静电陀螺构成的标准精密导航仪已供空军各机种选用，这是一种平台式惯导系统，其定位精度较高，速度精度可以达到 0.3 m/s～0.36 m/s。1979 年又推出它的改进型，装备更新的 B52G/H 战略轰炸机，实现进攻性电子设备、轰炸和导航设备的进一步现代化，使投弹圆概率误差和导航系统的初始对准误差大大减小；增加重力补偿软件功能后，系统长时间工作定位误差可进一步减小。

8.4 激光陀螺仪

8.4.1 激光陀螺

红宝石固体激光器和氦氖气体激光器相继问世之后，美国和欧洲各国竞相开展激光陀螺仪研制工作。1963 年美国研制出第一台激光陀螺样机，尺寸 $1m^2$，所测速度 $50°/h$。但是以后十多年的发展并不顺利，主要是精度、寿命、感测最小速率等一系列技术难题不易解决，尤其是难以找出克服自锁的有效途径。

但随着捷联式惯导系统的出现，刚体转子陀螺仪的某些不足日益明显。因为在捷联式系统中，陀螺仪直接与运载体固连，必须具有大的速率测量范围或全姿态测角功能。对于单自由度液浮速率陀螺仪或动力调谐速率陀螺仪而言，由于力矩器必须通入相当大的电流以产生所需的施矩速率，使得力矩器发热严重而导致陀螺仪性能的不稳定；另一方面，因运载体的角运动直接作用于陀螺仪，还将引起较大的动态误差。

正因如此，在不断改进机械陀螺仪的同时，加大了激光陀螺仪的研制步伐。1972 年霍尼韦尔公司研制成功 GG-1300 型激光陀螺，解决了不漏氦气和偏频稳定性等关键技术。1975 年激光陀螺惯导系统在战术飞机上试飞成功，1976 年在战术导弹上试用成功。这一时期激光陀螺仪研制工作取得突破性进展，精度的主要指标随机漂移率达到 $0.01°/h$ 的量级。20 世纪 80 年代初期，由激光陀螺仪构成的捷联式惯性导航系统先后被波音 747 旅客机和 F-20 战斗机所采用，这标志了激光陀螺仪开始进入工程实用阶段。随后，愈来愈多的机种选用激光陀螺捷联式惯导系统，而且其应用领域已开始由飞机扩大到舰船、导弹。目前激光陀螺仪的随机漂移率最低可达 $0.001°/h$，已能满足先进飞机导航定位精度的要求。经过 20 年曲折历程研制成功的激光陀螺仪，极大地推进了捷联式惯性导航系统的发展，成为 20 世纪 80 年代惯性技术最重要的成果。

由于激光陀螺没有机械的活动部件，是靠激光运转的，它对普通机电陀螺的许多误差源是不敏感的，比机电陀螺更能经受振动和冲击。它的动态范围大(从 $0.001°/h$ 到 $400°/h$ 以上)，可靠性好(平均无故障时间已达数千小时以上，使用寿命数万小时)，结构简单而坚固，成本低，且能直接数字输出，起动快，准备时间短。它与高容量、小体积、低成本的数字计算机相结合后，组成捷联式惯导系统。

8.4.2 激光和激光器

与一般光源所发的普通光相比，激光具有如下特点：

(1) 单色性好。

例如，有的氦-氖(He-Ne)激光器发生的红光，其频率宽度 $\Delta v = 10^{13}$ Hz，单色性要比一般光 $\Delta v = 10^7$ Hz~10^9 Hz 高 10^4~10^6 倍以上。利用这一特点，可把激光波长作为长度标准进行精密测量，或把激光周期作为时间测量标准等。

(2) 方向性好，亮度高。

一般激光束的方向性都很好，其发散角可做到小于或等于 10^{-3} rad~10^{-5} rad。利用这一特点，可把激光用于定位、导向、测距和精密加工等。

(3) 相干性好。

光波干涉条纹的清晰和准确程度，由光波的相干长度来决定(它与原子发光持续时间有关)，而相干长度又与这种光的谱线宽度 $\Delta\lambda$ 成反比，至于谱线宽度 $\Delta\lambda$ 则与前述的频率宽度成正比。既然激光的单色性要比普通光高 $10^4 \sim 10^6$ 倍，加之激光的偏振方向也比较一致，就使得它的相干长度比普通光要大很多倍。如普通光的相干长度只在几厘米的量级，而激光可达几十千米以上。正因如此，利用激光干涉原理来进行精密测量，就成为一种十分理想的方案。对于激光陀螺来说，相干性是最为重要的。因此激光也称为相干光，激光器也可称为相干光源。

激光器按工作物质分，有固体、气体、液体和半导体激光器等类别。几乎所有的固体和液体激光器都是利用外部光源照射工作物质进行激励。如 1960 年出现的第一台红宝石激光器便是采用外部强光源，如高压氙灯进行激励的。而大多数的气体激光器则是采用气体放电的激励方式。目前，一般都用 He－Ne 气体激光器发生的波长为 0.6328 μm 的谱线，来制成具有实用精度的激光陀螺。这是因为这种激光器内气体的均匀性最好，折射率较小，激光谱线的单色性和相干性也最好，而 0.6328 μm 的谱线又是其中最稳定的。

激光陀螺所用的谐振腔为环形谐振腔。如图 8-17 所示，为带增益管的环形谐振腔。增益管内是通电激发的 He－Ne 气体，它是激光的能源，因此谐振腔是有源腔。M_1、M_2 是具有高反射率的多层介质平面膜片(反射镜)，M_3 是高反球面片(反射镜)，M_4、M_5 是具有高透射率的多层介质膜增透片(透镜)。在通以适当电流以后，增益管处于受激状态，Ne 原子最初发生的是自发发射，漫无目标地向各个方向发出少量光子。它们的偏振方向、相位关系也完全混乱。其中有极少量光子沿谐振腔闭合环路的逆时针或顺时针方向传播。只要环路调整成准确的闭合环路，并且使光线沿增益管的中心轴线通过，则光子绕一圈后仍回原处，当它通过反射镜增益管时将刺激产生次级光子。这样，绕环路多圈后，增益管内将产生大量同频率、同方向、同偏振、同相位的光子。显然，只有绕一圈回原处的相位差是 2π 的整倍数的光波，各圈刺激产生的光子才会同相位，叠加结果才会使光强极大地增强而产生激光。如果绕一圈后光波的相位不同，光强互相抵消，等于损耗极高，就不能产生激光。

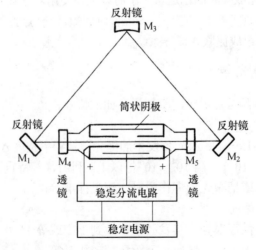

图 8-17　激光陀螺的环形谐振腔

1. 激光陀螺仪的工作原理

1) 环形干涉仪原理

在应用激光技术做成激光陀螺仪之前，人们早已探索利用光学原理来测量物体相对空间的旋转，这种装置就是 1913 年由萨格奈克(G. Sagnac)提出的一种环形回路的干涉仪。激光陀螺仪测量角速度的原理即来源于此。

萨格奈克效应是法国学者萨格奈克提出的，它构成了现代激光陀螺和光纤陀螺的理论基础。在一个任意几何形状的闭合光学环路中，从任意一点发出、沿相反方向传播的两束光波，绕行一周返回到该点时，如果闭合光路相对惯性空间沿某一方向转动，则两束光波的相位将发生变化，这种现象称为萨格奈克效应。萨格奈克于 1913 年首次采用光学干涉仪演示了对惯性旋转的敏感。

如图 8-18 所示，为四边形环路的萨格奈克干涉仪。自光源 O 发出的光，射到半透反射镜(分束板)S 上，被分成强度相等的两束光，即透射光和反射光。透射光经反射镜 M_1、M_2 和 M_3 依次反射，在环路中沿逆时针方向传播(图中用箭头 a 表示)。而反射光则经反射镜 M_3、M_2 和 M_1 依次反射，在环路中沿顺时针方向传播(图中用箭头 b 表示)。这两束光在环路中绕行一周后回到半透反射镜 S 汇合，并且一部分光被透射或反射到屏幕或照相底片 Q 上。

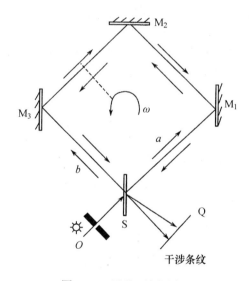

图 8-18 环形干涉仪原理

为了说明萨格奈克效应的基本原理，假设光是在折射率为 1 的媒质(真空)中传播。当干涉仪相对惯性空间无转动时，相反方向传播的两束光绕行一周的光程相等，都等于干涉仪环路周长，即 $L_a = L_b = L$，即 $t_a = t_b = L/c$(c 为真空中的光速)。在此情况下，由于两束光同时返回半透反射镜，所以彼此间没有相位差。这两束光经过相应的反射和透射同时射向屏幕，在屏幕上形成的干涉条纹是静止不动的。

当干涉仪绕着与环路平面相垂直的轴以角速度 ω(设为逆时针方向)相对惯性空间转动时，则半透反射镜上的分离点以及 3 个镜面的反射点都有一切向的线速度，其值为

$$v=(\frac{L}{4}\cos 45°)\omega=\frac{L}{4\sqrt{2}}\omega \tag{8-8}$$

该速度在分离点两侧光路上的投影均为

$$v_n=v\cos 45°=\frac{L}{8}\omega \tag{8-9}$$

光束 a 自分离点开始逆时针绕行一周又回到分离点时，分离点因干涉仪转动而移动了一段距离，此段距离在返回光路方向上的投影，便成为光束 a 的一段附加光程 ΔL，所以，光束 a 逆时针绕行一周的实际光程 L_a 要大于干涉仪环路周长 L，即有

$$L_a=L+\Delta L=L+v_n t_a=L+\frac{L}{8}\omega t_a \tag{8-10}$$

这束光绕行一周的时间 t_a 满足关系：

$$t_a=\frac{L_a}{c}=\frac{L+L\omega t_a/8}{c} \tag{8-11}$$

则

$$t_a=\frac{L}{c-L\omega/8} \tag{8-12}$$

$$L_a=\frac{L}{1-L\omega/(8c)} \tag{8-13}$$

光束 b 自分离点开始顺时针绕行一周又回到分离点时，分离点因干涉仪转动逆着光束移动了一段距离。所以，光束 b 顺时针绕行一周的实际光程 L_b 要小于干涉仪环路周长 L，即有

$$L_b=L-\Delta L=L-v_n t_b=L-\frac{L}{8}\omega t_b \tag{8-14}$$

这束光绕行一周的时间 t_b 应满足关系：

$$t_b=\frac{L_b}{c}=\frac{L-L\omega t_b/8}{c} \tag{8-15}$$

则

$$t_b=\frac{L}{c+L\omega/8} \tag{8-16}$$

$$L_b=\frac{L}{1+L\omega/(8c)} \tag{8-17}$$

逆时针和顺时针方向传播的光在环路中绕行一周回到分离点时的光程差为

$$\Delta L=L_a-L_b=\frac{1}{1-(L\omega)^2/(8c)^2}\frac{L^2}{4c}\omega \tag{8-18}$$

考虑到 c 的数值远大于 $L\omega$，近似得到

$$\Delta L=\frac{L^2}{4c}\omega \tag{8-19}$$

又由于环路面积 $A=(L/4)^2$，故可写成

$$\Delta L = \frac{4A}{c}\omega \tag{8-20}$$

即两束光的光程差 ΔL 与输入角速度 ω 成正比。并且可以证明，对于三角形或其他任何形状的环路，上式都成立。然而，由此产生的光程差很小。例如，1925 年迈克耳逊 (Michelson) 和盖勒 (Gale) 测量地球自转角速度所用的矩形环路面积 $A=600\times300\ \mathrm{m}^2$，光源波长 $\lambda=0.7\mu\mathrm{m}$，可计算得 $\Delta L=0.175\mu\mathrm{m}$，这个光程差只相当于 $\lambda/4$，即干涉条纹只移动了 1/4 条纹间距。如果用这一装置来测量 $0.015^\circ/\mathrm{h}$ 的角速度，则光程差只相当于 $\lambda/400$，即干涉条纹只移动了 1/400 条纹间距。显然，这种分辨条纹移动距离的方法，其测量精度无法保证。

造成上述现象的根本原因是这种干涉仪是无源腔，需要有一个外部光源。在有角速度时，光在环路中传播一圈所产生的光程差是极小的。不像环形激光器是有源腔、谐振腔，光在环形腔中振荡放大，并形成谐振频率，即使环路有很小角速度时，也可产生一定的频率差（频差或拍频），完全可以准确测量，这才使该干涉仪得以应用。

2) 激光陀螺仪原理

当采用环形激光器测量角速度时，环形腔是有源腔，光源是相干长度比环路长得多的相干光源，光可绕环路很多圈，并产生谐振，谐振频率为一定值，增益大于损耗。当环形谐振腔有转动角速度时，逆时针光束和顺时针光束的谐振频率不同，差频与角速度成正比，测量到差频即可测量到转动角速度。使用了激光、谐振腔和测量差频以后，测量的灵敏度比环形干涉仪大大提高，使得这个原理有了实用价值。

对于三角形谐振腔而言，由谐振条件可知，通过合理设计和调整可使正、反向光束在光路内发生谐振，这时每圈光路长 L 恰好为谐振波长 λ 的整数倍。当谐振腔绕着与环路平面相垂直的轴以角速度 ω 相对惯性空间旋转时，两束激光在腔内绕行一周的光程不再相等，因而两束激光的振荡频率不同，两束激光振荡频率之差即频差或拍频为

$$\Delta\upsilon = \frac{4A}{L\lambda}\omega \tag{8-21}$$

由于环形谐振腔环路包围的面积 A、环路周长 L 以及所采用的激光波长 λ 均为定值，因此，激光陀螺仪的输出频差或拍频 $\Delta\upsilon$ 与输入角速度 ω 成正比。

激光陀螺仪采用有源环形谐振腔和测频差技术，与无源环形干涉仪及测光程差的方案相比，其测量角速度的灵敏度大约提高了 8 个数量级。这是因为，具有一定光程差的两束光的干涉条纹只是比零图像横移了一段距离，而感测这一段距离的分辨率是很有限的；但具有一定频率差的两束光的干涉条纹却是以一定的速度向某一侧不断移动着，感测出单位时间内通过的条纹数目，即可确定出频差的大小，后者的分辨率显然要比前者高得多。

2. 激光陀螺仪的基本结构

激光陀螺仪根据设计的要求及克服闭锁效应的方案，可以有各种不同的结构，但就其基本构成来讲，主要有以下几个方面。

1) 谐振腔形状

所有激光陀螺仪均采用环形谐振腔，故此亦称环形激光陀螺仪。谐振腔的结构应使

反向散射尽可能小,这就要求腔内的光学元件尽可能少。要构成环形谐振腔,至少需要三个反射镜,所以常用的方案是由三个反射镜构成三角形谐振腔。另一方案则是由四个反射镜构成四边形(正方形)谐振腔,它的反向散射比三角形的略大些。

2) 腔内激光器

目前无一例外的所有激光陀螺仪均采用氦—氖气体激光器,同红宝石固体激光器相比,它具有频谱纯度高、增益和稳定性高、带宽较窄、噪声较低、可靠性好、工作寿命长、输入功率低及反向散射小等优点。为了保证谐振腔光路尺寸的稳定性亦即保证激光陀螺刻度因数的稳定性,腔体应采用低膨胀系数且具有高稳定性的材料,如熔凝石英、耐热玻璃等制成。

3) 结构形式

从激光陀螺仪结构形式看,有分离式(组件式)和整体式两种。分离式结构的特点是激光管在谐振腔中作为单独的器件。在腔体内仅加工出光路,安装上反射镜和激光管后,置于金属容器内再把内部抽成真空。这种结构比较简单,容易制造,而且反射镜和激光管是分离的,便于拆卸。整体式结构的特点是在谐振腔内,激光管和环路为一体。在腔体内加工出光路,安装上反射镜后,应在腔内充氦氖混合气体。这种结构无需安装块,可保证对准稳定性,且零件数量少,但必须完善地密封,以免工作气体漏出腔外。目前较多采用的是整体式结构。

如图 8-19 所示,即为一种典型的整体式激光陀螺仪结构(内谐振腔式)。在该结构方案中,谐振腔体是由整块的熔石英或微晶玻璃等低膨胀材料制成。在腔体内加工出三角形的光束通道孔,构成三角形的环形激光通路。在三角形的三个顶角处分别开有大孔,各个大孔的端面均要磨平并高度抛光,使平面度达到 0.05 μm,用来安装反射镜。在腔体侧面还开有一些小孔,用来安装电极和引线。

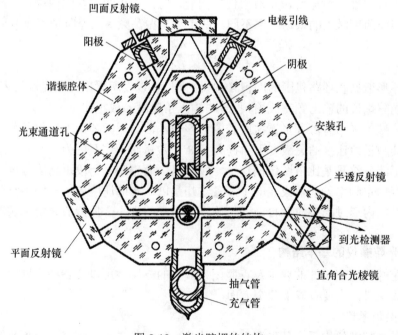

图 8-19 激光陀螺的结构

反射镜是激光陀螺仪关键的光学元件。通常要求反射镜的反射率大于 99.9%，而其散射率要低于 0.0001。它是在石英基片上交替涂覆凹面反射二氧化钛和二氧化硅介质膜，再抛光使平面度达到 0.05μm 而成。反射镜与腔体配合表面之间采用光胶法，即借助分子吸引力粘着固定并实现密封。

构成谐振腔的反射镜中，有一个应为凹面反射镜，以使激光在腔内反复反射时不会逸出腔外，从而得到谐振腔的稳定条件；其余的均为平面反射镜，但其中一个为半透反射镜，以使两相反方向传播的光束进入直角合光棱镜并入射到光检测器上。

谐振腔内部必须高度清洁。通过抽气管抽真空后，再通过充气管充以氦氖混合气体，气体压强一般为 266.7Pa～666.6Pa。在阳极和阴极间加上约 1000V 的直流电压，即能产生激光。

4) 三轴陀螺组件

激光陀螺用于捷联式惯性导航系统时，为了同时测量运载体三个正交方向的角速度信息，要把三个激光陀螺仪的输入轴相互垂直放置而构成陀螺测量组件。也可以做成三轴整体测量组件，即在一块腔体材料中同时加工出三个谐振腔，依靠加工精度的保证可使陀螺仪三个测量轴相互垂直。

8.5 光纤陀螺仪

8.5.1 光纤陀螺仪的发展

传统陀螺，也即第一代陀螺(如液浮陀螺、动调陀螺等)均为机电陀螺，尽管在过去一直是惯性制导和测量领域的主流仪表，但因其具有高速旋转的"转子"等不利因素，在性价比和寿命方面制约了惯性技术的进一步发展。1913 年，法国科学家萨格奈克(G. Sagnac)论证了采用无运动部件的光学系统同样能够检测相对惯性空间的旋转。得益于激光器的发明，1962 年作为第二代陀螺的环形激光陀螺(RLG)诞生，标志着以萨格奈克效应为基础的光学陀螺取得实质性的进展，目前，激光陀螺技术已经完全成熟并在许多惯性导航领域得到应用。由于环形激光陀螺采用了悬臂梁结构的机械抖动偏频来避免闭锁现象，所以它不是全固态器件。随着光纤通信技术的发展，1976 年美国犹他州立大学 V. Vali 和 R. Shorthill 教授对第三代陀螺——光纤陀螺(FOG)进行了实验演示。光纤陀螺具有体积小、质量轻、精度范围广、无运动部件等优点，是一种新型的全固态惯性仪表。由于其在航空、航天、航海及兵器等应用领域的重要性，从一开始就受到了世界各国特别是军方的密切关注，并得以迅速发展。

光纤陀螺问世不久，国外专家就曾经预言："光纤陀螺出现，机械陀螺停转"。也就是说，一切具有旋转质量、轴承和机械运动部件的陀螺都将被光纤陀螺所取代。这种观点在当时虽然过于激进，然而 30 年的技术发展已证实了这一趋势。目前，干涉式光纤陀螺技术完全成熟，在现代武器装备及许多工业领域已呈现出日益增长的应用需求。

与传统机电陀螺相比，光纤陀螺无运动部件和磨损部件，为全固态仪表，成本低、寿命长、质量轻、体积小、动态范围大、精度应用覆盖面广、抗电磁干扰、无加速度引起的漂移、结构设计灵活、生产工艺简单、应用范围广。总之，光纤陀螺是一种结构简单、潜在成本低、潜在精度较高的新型全固态惯性器件。

美国麦道(McDonnel Douglas)公司于1978年研制出第一个实用化的光纤陀螺仪；1983年研制出零相位检测的光纤陀螺仪；1984年把光纤陀螺仪用于油井钻探定位后，1986年研制成功"德尔塔"火箭上用的光纤陀螺仪。

利顿公司于1982年开始研制干涉型光纤陀螺仪，并与在光纤陀螺仪研制方面取得重大进展的斯坦福(Stanford)大学合作。1987年开始研制火炮发射试验的灵巧炮弹制导系统用三轴闭环干涉型光纤陀螺仪。1989年向美国海军提供了两个用于舰载导航和火炮发射试验的单轴干涉型光纤陀螺仪，后者可承受20000g的加速度。霍尼韦尔公司同时研制干涉型和谐振型光纤陀螺仪。该公司研制的开环干涉型光纤陀螺仪，包括全部光学和电光器件以及光纤线圈，均由偏振保持光纤制成。由这种光纤陀螺仪构成的AHC-800航向姿态系统，用于DL-328飞机。德雷珀实验室公司从1983年开始研制谐振型光纤陀螺仪，1988年取得重大进展，所演示的光纤陀螺模型样机，其性能比空间截击器所要求的高1个数量级。

另外，美国史密斯、雷锡恩、基尔福特和斯佩里、英国BAe、德国SEL和LITEF、法国SAGEM、日本日立电缆和三菱电机等公司，以及日本宇宙开发事业团的筑波空间中心研究所也在研制光纤陀螺仪。

近年来，光纤陀螺仪发展迅速，出现了各种类型与结构方案，并且较好地解决了工艺问题。目前，中、低精度(随机漂移率分别为$0.1°/h\sim1°/h$和$1°/h\sim10°/h$)的光纤陀螺仪已进入工程实用阶段，较高性能(随机漂移率为$0.01°/h\sim0.1°/h$)的光纤陀螺仪也已制成样机。

目前光纤陀螺仪的性能，已能满足飞行控制系统和近程战术导弹惯性制导系统的要求，但要满足惯性导航系统的要求还有一定距离。研究方向为：提高精度，把随机漂移率降低到$0.1°/h\sim0.01°/h$，标度因子稳定性提高到优于1.0×10^{-5}，以满足导航系统的要求；降低成本，这对一次性使用的战术武器的制导系统来说尤为重要。在技术上，则都朝着集成光学方向发展，以利于批量生产、降低成本、提高可靠性和增强竞争力。

光纤陀螺由于其突出优点，颇受许多国家特别是各国陆、海、空三军的高度重视。美国20世纪80年代中期研制的中精度$10°/h\sim0.1°/h$的战术光纤陀螺，目前已装备飞机和战术导弹飞行姿态的控制系统中；20世纪90年代，美国海军研究所研制了一种全光纤陀螺，这是目前精度最高的光纤陀螺。英、法、德、日以及俄罗斯等国主要致力于发展漂移率大于$1°/h$的低性能光纤陀螺以装备海军和空军，如英国航空系统设备公司推出的漂移率为$10°/h$的小型光纤陀螺，已装备海军和空军；日本和法国于20世纪80年代末分别研制出精度为$10°/h\sim0.1°/h$，以及小于$0.1°/h$的小型光纤陀螺，均装备于导航和导弹制导系统中。日本于1991年发射的TR-1A型全重力试验火箭系统，是世界上首次采用光纤陀螺的实例。

随着光纤技术和集成光路技术的发展，光纤陀螺正朝着高精度和小型化迈进，一代漂移率低达$0.001°/h$的新型高性能的惯导光纤陀螺将步入实用化，将广泛装备于导弹制导系统、飞机和舰艇的导航系统，以及军用卫星与地形跟踪匹配等系统中。

8.5.2　光纤陀螺仪的工作原理

光纤是利用光的全反射原理而做成的一种光导纤维。就光纤陀螺仪基本原理而论，它仍是一种由单模光纤作光通路的萨格奈克干涉仪。

光纤陀螺仪的萨格奈克效应可以用如图 8-20(a)所示的圆形环路的干涉仪来说明。该干涉仪由光源、分束板、反射镜和光纤环组成。光在 A 点入射，并被分束板分成等强的两束。反射光 a 进入光纤环，沿着圆形环路逆时针方向传播。透射光 b 被反射镜反射回来后又被分束板反射，进入光纤环，沿着圆形环路顺时针方向传播。这两束光绕行一周后，在分束板汇合。

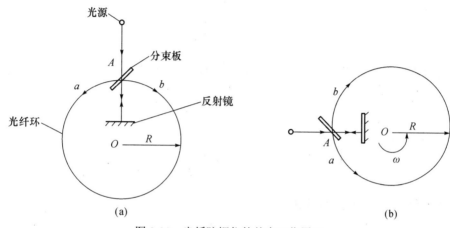

图 8-20　光纤陀螺仪的基本工作原理

先不考虑光纤芯层的折射率的影响，即认为光是在折射率为 1 的媒质中传播。当干涉仪相对惯性空间无旋转时，相反方向传播的两束光绕行一周的光程相等，都等于圆形环路的周长，即

$$L_a = L_b = L = 2\pi R \tag{8-22}$$

两束光绕行一周的时间也相等，都等于光程 L 除以真空中的光速 c，即

$$t_a = t_b = \frac{L}{c} = \frac{2\pi R}{c} \tag{8-23}$$

当干涉仪绕着与光路平面相垂直的轴以角速度 ω (设为逆时针方向)相对惯性空间旋转时，如图 8-20(b)所示，由于光纤环和分束板均随之转动，相反方向传播的两束光绕行一周的光程就不相等，时间也不相等。

逆时针方向传播的光束 a 绕行一周的时间设为 t_a，当它绕行一周再次到达分束板时多走了 $R\omega t_a$ 的距离，其实际光程为

$$L_a = 2\pi R + R\omega t_a \tag{8-24}$$

而这束光绕行一周的时间为

$$t_a = \frac{L_a}{c} = \frac{2\pi R + R\omega t_a}{c} \tag{8-25}$$

由此得

$$t_a = \frac{2\pi R}{c - R\omega} \tag{8-26}$$

顺时针方向传播的光束 b 绕行一周的时间设为 t_b，当它绕行一周再次到达分束板时少走了 $R\omega t_b$ 的距离，其实际光程为

$$L_b = 2\pi R - R\omega t_b \tag{8-27}$$

而这束光绕行一周的时间为

$$t_b = \frac{L_b}{c} = \frac{2\pi R - R\omega t_b}{c} \tag{8-28}$$

由此可得

$$t_b = \frac{2\pi R}{c + R\omega} \tag{8-29}$$

相反方向传播的两束光绕行一周到达分束板的时间差为

$$\Delta t = t_a - t_b = \frac{4\pi R^2}{c^2 - R^2\omega^2}\omega \tag{8-30}$$

这里 $c^2 \gg R^2\omega^2$，所以上式可近似为

$$\Delta t = \frac{4\pi R^2}{c^2}\omega \tag{8-31}$$

两束光绕行一周到达分束板的光程差则为

$$\Delta L = c\Delta t = \frac{4\pi R^2}{c}\omega \tag{8-32}$$

这表明两束光的光程差 ΔL 与输入角速度 ω 成正比。

光纤芯层材料主要是石英，其折射率约为 $1.5 \sim 1.6$。设折射率为 n，当干涉仪无转动时，两束光的传播速度均为 c/n。当有角速度 ω(设为逆时针方向)输入时，两束光的传播速度不再相等。根据洛伦兹－爱因斯坦速度变换式，可得逆、顺时针方向传播的光速分别为

$$c_a = \frac{\dfrac{c}{n} + R\omega}{1 + \dfrac{R\omega}{nc}} \tag{8-33}$$

$$c_b = \frac{\dfrac{c}{n} - R\omega}{1 - \dfrac{R\omega}{nc}} \tag{8-34}$$

此时，光束 a、b 绕行一周的时间 t_a 和 t_b 应分别满足下列关系：

$$t_a = \frac{2\pi R + R\omega t_a}{c_a} = \frac{2\pi R + R\omega t_a}{\left(\dfrac{c}{n} + R\omega\right) \Big/ \left(1 + \dfrac{R\omega}{nc}\right)} \tag{8-35}$$

$$t_b = \frac{2\pi R - R\omega t_b}{c_b} = \frac{2\pi R - R\omega t_b}{\left(\frac{c}{n} - R\omega\right) \Big/ \left(1 - \frac{R\omega}{nc}\right)} \tag{8-36}$$

由式(7-35)、式(7-36)得

$$t_a = \frac{2\pi R(nc + R\omega)}{c^2 - R^2\omega^2} \tag{8-37}$$

$$t_b = \frac{2\pi R(nc - R\omega)}{c^2 - R^2\omega^2} \tag{8-38}$$

不难发现，此情况下相反方向传播的两束光绕行一周的时间差 Δt 及光程差 ΔL，与真空中的情况完全相同，即与光的传播媒质的折射率无关。

光纤陀螺仪可以说直接继承了萨格奈克干涉仪，通过测量两束光之间的相位差即相移来获得被测角速度。两束光之间的相移动 $\Delta\varphi$ 与光程差 ΔL 有以下关系：

$$\Delta\varphi = \frac{2\pi}{\lambda}\Delta L \tag{8-39}$$

式中　λ——光源的波长。

考虑到光纤环的周长 $l = 2\pi R$，可得两束光绕行一周再次汇合时的相移为

$$\Delta\varphi = \frac{4\pi Rl}{c\lambda}\omega \tag{8-40}$$

以上是单匝光纤环的情况。光纤陀螺仪采用的是多匝光纤环(设为 N 匝)，两束光绕行 N 周再次汇合时的相移应为

$$\Delta\varphi = \frac{4\pi RlN}{c\lambda}\omega \tag{8-41}$$

由于真空中光速 c 和圆周率 π 均为常数，光源发光的波长 λ 及光纤线圈半径 R、匝数 N 等结构参数均为定值，因此光纤陀螺仪的输出相移 $\Delta\varphi$ 与输入角速度 ω 成正比，即

$$\Delta\varphi = K\omega \tag{8-42}$$

式中　K——光纤陀螺标度因子。

$$K = \frac{4\pi RlN}{c\lambda} \tag{8-43}$$

上式表明，在光纤线圈半径一定的条件下，可以通过增加线圈匝数即增加光纤总长度来提高测量的灵敏度。由于光纤的直径很小，虽然长度很长，整个仪表的体积仍然可以做得很小，例如光纤长度为 500m～2500m 的陀螺装置其直径仅 10cm 左右。但光纤长度也不能无限地增加，因为光纤具有一定的损耗，典型值为 1dB/km，而且光纤越长，系统保持其互易性越困难，所以光纤长度一般不超过 2500m。

8.5.3　光纤陀螺仪的分类

光纤陀螺按其光学工作原理可分为三类：干涉式光纤陀螺(IFOG)、谐振式光纤陀螺(RFOG)和受激布里渊散射式光纤陀螺(BFOG)。其中干涉式光纤陀螺技术已完全成熟并产

业化，而谐振式光纤陀螺和受激布里渊散射式光纤陀螺还处于基础研究阶段，尚有许多问题需要进一步探索。

1. 干涉式光纤陀螺

干涉式光纤陀螺的主体是一个萨格奈克干涉仪，由宽带光源(如超发光二极管或光纤光源)、光纤耦合器、光探测器、Y分支多功能集成光学芯片和光纤线圈组成，如图8-21所示，其原理基于萨格奈克效应：当陀螺旋转时，光纤线圈内沿顺时针和逆时针方向传播的两束光波之间产生一个与旋转角速率 Ω 成正比的相位差 ϕ_s：

$$\phi_s = \frac{4\pi RL}{\bar{\lambda} c}\Omega \tag{8-44}$$

式中　　R——光纤线圈的半径；

L——光纤长度；

$\bar{\lambda}$——光源平均波长；

c——真空中光速。

由于 ϕ_s 与光纤线圈半径和光纤长度成正比，半径越大，光纤越长，陀螺精度越高。因此，可以在总体方案不变的情况下，采用不同的结构和器件水平，来满足不同用户的各种应用要求。这种设计上的灵活性，是光纤陀螺区别于其他机电陀螺的优势所在。

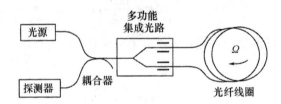

图 8-21　干涉式光纤陀螺的结构组成

2. 谐振式光纤陀螺

谐振式光纤陀螺是美国麻省理工学院 S. Ezekiel 教授在研究无源腔激光陀螺的基础上提出的。RFOG 克服了激光陀螺成本高、体积大等固有缺陷，并以其潜在的高灵敏度，引起美、日等惯性技术发达国家及欧洲的重视，也成为干涉式光纤陀螺的强有力竞争者。与 IFOG 比较，RFOG 的光纤长度仅为几米至几十米，热致非互易性大大降低。因而 RFOG 的精度更接近探测器散粒噪声决定的极限灵敏度。由于保偏光纤仍是制约光纤陀螺成本的重要因素，而 RFOG 更容易降低成本。因此，尽管 IFOG 技术日益成熟，一些从事惯导研究的大公司、研究所和高等院校仍未放弃对 RFOG 的研究，并在结构设计、噪声抑制等技术问题上取得了重要进展。

谐振式光纤陀螺的结构组成如图 8-22 所示，从光源发出的相干光被光纤耦合器 C_4 分成两路，并通过光纤耦合器 C_1 入射进光纤谐振腔中。当环形腔以角速率 Ω 旋转时，两束反向传播的谐振光波产生一个谐振频差：

$$\Delta f = \frac{4A}{\lambda L}\Omega \tag{8-45}$$

式中　A——谐振腔包围的面积；

　　L——腔长；

　　λ——光波长。

只要检测出 Δf，就可以确定旋转角速率 Ω。

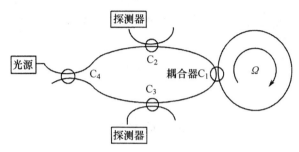

图 8-22　谐振式光纤陀螺的结构组成

3. 布里渊散射式光纤陀螺

布里渊散射是指入射到介质的光波与介质内的弹性声波发生相互作用而产生的光散射现象。由于光学介质内大量质点的统计热运动会产生角频率为 ω_{bs} 的弹性声波，它会引起介质密度及折射率随时间和空间周期性变化，因此，声振动介质可以看成一个运动的光栅。角频率为 ω 的光波通过光学介质时，受到光栅的"衍射"作用，产生角频率为 $(\omega - \omega_{bs})$ 的散射。声波和散射光波沿着特定的方向传播，并且只有入射光强超过一定值时才能发生上述现象。这种具有受激发射特性的布里渊散射，称为受激布里渊散射(SBS)。

在光纤中，光强超过某一阈值时，也会出现这一现象。受激布里渊散射是一种非线性光学效应，产生布里渊散射的阈值与光纤材料的特性、光源的谱宽、纤芯的尺寸和光纤长度等有关。受激布里渊散射式光纤陀螺是利用大功率激光器发出的光在光纤中引起布里渊散射而构成的陀螺仪。

布里渊散射式光纤陀螺实际上是一种有源的谐振式光纤陀螺，其原理性结构如图 8-23 所示。它利用大功率激光器发出的光在光纤中引起布里渊散射，形成光纤激光器，通过检测两束顺时针和逆时针布里渊散射光之间的频差，获得一个与旋转角速率 Ω 成正比的输出信号。这种光纤陀螺结构简单，使用的光纤器件较少。但同时，这种光纤陀螺需要高稳定性(包括工作波长稳定和输出功率稳定)、谱宽很窄及大功率的光源作为泵浦，才能在长度相对较短的光纤中产生受激布里渊散射效应。另外，BFOG 实质上也是有源谐振，仍存在着闭锁问题，需采用拍频偏置调制技术。受激布里渊散射光纤陀螺可认为是激光陀螺的光纤实现形式，但它与激光陀螺的重要区别在于，没有直流高压激励源，无需严格的气体密封和超高精度的光学加工，可实现全固体化，拥有光纤陀螺共同的优点，在小型化方面极具潜力。

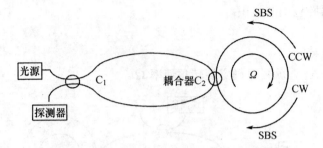

图 8-23　受激布里渊散射光纤陀螺的结构组成

复习思考题

1. 如何提高液浮陀螺仪的精度？
2. 挠性陀螺仪一般由哪几部分组成？
3. 简述静电陀螺仪的工作原理。
4. 简述激光陀螺仪的测量原理。
5. 光纤陀螺仪按光学工作原理一般可分为哪几类，并各有什么特点？

第9章　惯性导航系统

利用陀螺仪的特性，把测量飞机航向、姿态的仪表称为陀螺仪表。随着飞机机动性的增大和对其性能要求的不断提高，陀螺仪表也经历了由单个陀螺半罗盘、陀螺地平仪，到陀螺磁罗盘、远读地平仪，以及将二者综合在一起的航向姿态系统的发展历程。但这些仪表和系统完成的功能却是单一的，即只能向有关设备和显示仪表输出飞机的航向角、俯仰角和倾斜角。即使借助航向角实现飞机的导航，也是很不方便很不及时的。何况飞机上需要航向角、俯仰角和倾斜角信息的设备越来越多，为了实现精确导航和提高攻击命中率，飞控和火控系统要求这三个角的精度越来越高。因此，单个的陀螺仪表或航向姿态系统，已很难满足这些要求。于是从20世纪60年代起，惯性导航系统开始在飞机上装备，它不仅以极高的精度向机上各系统输送航向、姿态信息，而且可以自主完成飞机的导航任务。

9.1　惯性导航系统基本原理

导航，是指将飞机从一个位置引导到另一个位置的过程。中国最早使用的指南针以及后来用于飞机上的磁罗盘、陀螺半罗盘、陀螺磁罗盘和航向姿态系统，都是导航仪表不断发展的体现。

但是，随着科学技术的发展，这种功能少、精度低的仪表导航方法，已远远不能适应现代导航任务的要求。于是，如何应用现代科技新成就，研制出精度更高、用途更广、适应性更强的导航设备，是各国在军事技术上竞争的主要方式之一。无线电导航、多普勒导航、天文导航、卫星导航和惯性导航正是在这种形势下应运而生的。惯性导航则是军用飞机各种导航方法的佼佼者。

9.1.1　惯性导航基本原理

惯性导航，是利用加速度计测量飞机运动的加速度，并经导航计算机根据加速度作用的时间，计算出飞机的速度和距离，进而确定飞机的位置——经度和纬度。由于加速度的测量是基于牛顿运动第二定律，而牛顿定律适用范围是惯性系，所以这种导航称为惯性导航。

因为地球上某点经度 λ 和纬度 φ 的计算公式为

$$\begin{cases} \lambda = \dfrac{S_E}{R\cos\varphi} + \lambda_0 \\ \varphi = \dfrac{S_N}{R} + \varphi_0 \end{cases} \tag{9-1}$$

式中　λ_0、φ_0——初始位置的经、纬度；

　　　　S_E、S_N、——飞机沿东向、北向的飞行距离；

　　　　R——地球半径。

所以，要想确定飞机所在位置的经、纬度，就必须先测出飞机沿地球东向和北向的飞行距离 S_E 和 S_N。这就要求，飞机上至少要有两个加速度计，分别测飞机沿东向和北向的加速度分量 a_E 和 a_N，然后将它们进行积分运算，便可得到飞行距离，其计算公式如下：

$$\begin{cases} V_N = \int_0^t a_N \mathrm{d}t + V_{N_0} \\ V_E = \int_0^t a_E \mathrm{d}t + V_{E_0} \end{cases} \tag{9-2}$$

$$\begin{cases} S_N = \int_0^t V_N \mathrm{d}t + S_{N_0} \\ S_E = \int_0^t V_E \mathrm{d}t + S_{E_0} \end{cases} \tag{9-3}$$

式中　V_{N_0}、V_{E_0}、S_{N_0}、S_{E_0}——北向和东向的初始速度、初始距离；

　　　　V_N、V_E、S_N、S_E——北向和东向的速度、距离。

有了北向和东向速度，还可求出飞机的真航向

$$\Psi = \arctan \frac{V_E}{V_N} \tag{9-4}$$

既然计算出了飞机的速度、航向和即时位置，那么只要与事先所定的目标位置或航迹进行比较，便可实现对飞机的自动导航。虽然应用牛顿运动第二定律，在地面上测量物体的加速度并不困难，但飞机在空中飞行时，飞机飞行方向和姿态都在实时变化，怎样保证两个加速度计的敏感轴水平且指示在东西和南北方向呢？显然，直接把加速度计安装在飞机上是不行的，因为这会使加速度计的敏感轴随飞机飞行方向和飞行姿态的改变而变化，不可能测量东西和南北方向的加速度分量。所以，必须设置能隔离飞机运动的独立安装架，这就是陀螺稳定平台。这个平台始终处于当地水平面内，方向可以人为控制，如让它始终指示正北位置上，即通常讲的稳定在地理坐标系内。安装在这个坐标系内的三个加速度计，分别沿东西向、南北向和垂直方向，不管飞机在空中如何运动，方向和姿态如何改变，三个加速度计却始终可以测量沿东、北、天三个方向的加速度分量 a_E、a_N、a_Z。其中 a_E、a_N 正是我们计算经、纬度所需要的，a_Z 则用来计算飞机的垂直速度和高度。

可见惯性导航实际使用的是加速度计的输出信号，而至关重要的则是陀螺稳定平台，这个平台，如同在飞机上建立了一个人工地平面，于是飞机在空中的俯仰角、倾斜角就可以通过相对该平面的转角测量出来。因此，用陀螺平台可以代替常规地平仪的功能。同样，用飞机相对平台的转角可以测量飞机的方位角。因此，罗盘的职能也可以由平台取代了。图 9-1 表示陀螺稳定平台输出三个角度和两个水平加速度计算经、纬度的过程（图中未画出垂直方向的加速度计及计算高度的过程）。也可以看出一个惯性导航系统，至少应有三部分组成，即包含加速度计的陀螺稳定平台，一个用于积分和除法等运算的导航计算机，一个显示计算结果的控制显示器。其中以陀螺稳定平台为核心部件，其结

构复杂精密、制造困难、价格昂贵且维修麻烦。

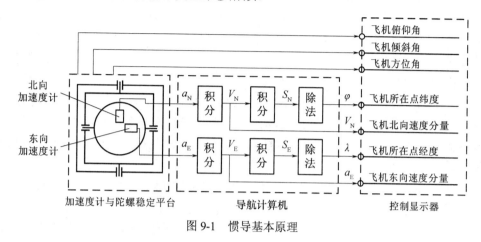

图 9-1　惯导基本原理

9.1.2　陀螺稳定平台工作原理

图 9-2 为一个三自由度陀螺构成的单轴平台。平台可绕平台稳定轴相对基座转动。平台上装有一个三自由度陀螺仪。外环轴与稳定轴平行，在外环轴上装有信号器。信号器、放大器、稳定电机以及减速器组成了一套稳定回路。陀螺的内环轴上还装有力矩器，输入一定电流后，可沿内环轴方向产生力矩。这样一套系统，可保证在任何情况下，平台稳定轴平行于当地水平面。

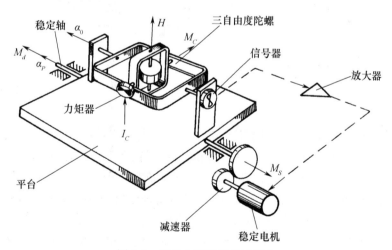

图 9-2　三自由度陀螺单轴平台

如飞机角运动使其绕平台稳定轴转动，企图通过轴上的摩擦力矩 M_d 也带动平台转动，但当平台随其刚转过一个小角度 α_p，便被信号器所敏感(因为信号器转子由三自由度陀螺外环轴稳定不动，而定子随平台转过一个 α_p)。该信号经放大后，送给稳定电机，电机通过减速器带动稳定轴，向相反方向转过一个角度 α_p，使平台又恢复到原来位置，信号电流消失。这就保证了平台不会随飞机转动而改变原来位置。

119

但是，随着飞机在地球表面的运动，当地水平面或者说地理坐标系，也要不断运动，如果平台不能随之运动，必然会偏离水平面，这样加速度计就不能真实敏感水平面的加速度分量。同时，相对东、北、天方向也发生了偏转，为了使平台时时跟上当地地理坐标系的运动，还必须设计陀螺力矩器使平台转动，这就是修正回路的作用。通常，由计算机根据飞机的速度和方向算出当地地理坐标系的偏离情况，然后，转换成一定大小的电流，加给陀螺力矩器，使陀螺进动，迫使外环转动，造成信号器输出，经放大加至稳定电机，使平台开始转动，一旦平台转动的角度与外环转动角度相等时，信号器输出为零，平台停止转动，这样就保证平台不随飞机一起转动，而仅随当地地理坐标系一起转动。

需要特别说明的是，如沿陀螺仪内环轴上有干扰力矩（如不平衡力矩、摩擦力矩等），陀螺并不能识别该力矩是力矩器产生的有用力矩还是干扰力矩，一样会使陀螺绕外环轴进动。经外环轴上的信号器输出这一转角信号，并经平台稳定伺服回路放大器和稳定电机作用，由减速器带动平台转动，从而使平台偏离原来的水平位置。这就是由于陀螺漂移（干扰）造成平台漂移的过程，显然这不是我们所期望的。这种漂移误差的大小与陀螺干扰力矩的大小成正比关系，而且由于干扰的一直存在，平台就会一直漂移，偏角会不断增大，惯导系统的导航精度也会因此不断下降。所以，虽然惯导系统本质是由测加速度解算位置，由平台测姿态角和航向角的，但是核心最关键的元器件还是陀螺。这就是惯性级陀螺研制难度之大的原因所在。

由于实际惯导系统，要稳定空间三个坐标轴，或者说要跟踪东、北、天三个方向，所以平台应是三轴稳定平台。即一个平台台面上装有三个加速度计，不论飞机如何运动，这三个轴都指向东、北、天方向，从而保证了加速度计的测量方向。

9.1.3　惯性导航特点

目前飞机上使用的导航系统，就其军事目的而言，具有自主性强、导航参数多的特点。

(1) 自主性强：惯性导航不同于无线电导航和卫星导航需要地面台站，也不同于天文导航要观测天体，它可以不依赖地面任何辅助设备而独立完成导航任务，适于全球导航。它这种独有的全天候和抗磁、电、光的能力，最能满足军用飞机的特殊要求。

(2) 提供导航参数多：惯性导航能提供导航时的全部参数有加速度、速度、位置、姿态、航向等。而无线电和天文导航仅能提供位置，多普勒和卫星导航仅能提供速度和位置。惯性导航有"中心信息源"之称。它可为飞行控制系统和火力控制系统提供各种参数。

惯性导航系统有其特殊优势，目前在航空、航海、航天等领域得到广泛应用。有的用于导航，有的用于制导。就军用飞机而言，一旦惯导与火控系统、武器投放系统关联后，将大大提高攻击能力和命中精度。目前，国内外新一代军用飞机无一不装备惯导，大批老旧机种的改造，首选设备是惯导。

9.2　三轴惯导平台的组成

9.2.1　基本组成

由三自由度液浮陀螺或挠性陀螺构成的三轴惯性平台(陀螺稳定平台)如图 9-3 所示。它在三自由度陀螺仪构成的单轴惯性平台的基础上组成，但又有其特殊点，本节着重讨论三轴惯性平台的一些特殊问题。

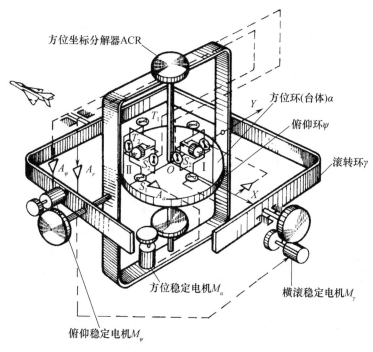

图 9-3　三自由度陀螺三轴平台

我们知道，一个三自由度陀螺仪有两个测量轴，可为平台提供两个轴的稳定基准，而三轴平台要求陀螺仪为平台提供三个轴的稳定基准。所以需要有两个三自由度陀螺仪。设两个陀螺的外环轴均平行于平台的方位轴安装。内环轴则自然平行于平台的台面。在正常工作状态下两个陀螺的转子轴也平行于平台的台面，且相互之间保持垂直的关系，也即两个陀螺的内环轴相互之间保持垂直的关系。两个陀螺的内环轴作为平台绕两个水平轴稳定的基准，而两个陀螺外环轴之一，作为平台绕方位轴稳定的基准。

平台的方位稳定回路由陀螺Ⅱ外环轴上的信号器 S_1、放大器 A_α、平台方位轴上的稳定电机 M_α 等组成。当干扰力矩作用在平台的方位轴上时，平台绕方位轴转动偏离原有的方位，而平台上的陀螺却具有稳定性。这样，平台相对陀螺外环出现了偏转角度。陀螺Ⅱ外环轴上的信号器便有信号输出，经过放大器放大后送至平台方位轴上的稳定电机，方位稳定电机输出稳定力矩作用到平台方位轴上，从而平衡作用在平台方位轴上的干扰力矩，使平台绕方位轴保持稳定。同样给陀螺Ⅱ内环轴上的力矩器 T_2 输入与指令角速度大小成比例的电流，也可实现方位稳定轴的空间积分要求。

平台的水平稳定回路由两个陀螺I、II内环轴上的信号器 S_2，方位轴上的坐标分解器 ACR，放大器 A_ψ、A_γ，平台俯仰轴和横滚轴上的稳定电机 M_ψ、M_γ 组成。其中由陀螺II内环轴作横滚稳定回路的敏感轴，陀螺I内环轴作俯仰稳定回路的敏感轴。平台水平稳定回路的工作原理与上述没有本质区别，但是为了使平台的两个水平稳定回路能够正常工作，必须有方位坐标分解器。

9.2.2 方位坐标分解器

由三个单轴平台直接叠加，组成的三轴平台，只能在各环架处于中立位置，也就是方位环、俯仰环、横滚环、飞机机体对应的坐标系 $ox_\alpha y_\alpha z_\alpha$，$ox_\psi y_\psi z_\psi$，$ox_\gamma y_\gamma z_\gamma$，和 $ox_b y_b z_b$，同名轴相重合(如 x_α、x_ψ、x_γ、x_b 重合)的时间，才能正常工作在几何稳定和空间积分状态下，否则无法平衡干扰和跟踪参考坐标系。图 9-3 中的方位坐标分解器就是专门用来解决这一矛盾的。在具体讨论方位坐标分解器之前，我们先看一下由三个单轴平台的简单叠加为什么会出现矛盾，它的本质是什么?

图 9-4(a)表示航向为零($\psi = 0°$)时，即方位环相对俯仰环没有转角，此时图 9-3 的陀螺仪II感受沿横滚轴(纵轴)方向作用的干扰力矩，信号器 S_2 输出信号经横滚放大器 A_γ 放大后给横滚轴稳定电机，产生沿纵向稳定力矩。陀螺仪I感受沿俯仰轴(横向)方向作用的干扰力矩，经信号器 S_2、放大器 A_ψ 和俯仰轴稳定电机，产生沿横向稳定力矩。这时它们实质上构成了两个单轴稳定平台，保证 x_γ 和 y_ψ 两个轴的稳定。同样，如给两个陀螺仪的力矩器输入与指令角速度成比例的电流，平台也可保证工作在空间积分状态。

如果飞机航向改变 $90°$，即横滚环和俯仰环随平台基座绕方位轴顺转 $90°$，而方位环保持不动(由方位稳定回路的工作保证)。这样平台台体及上面陀螺仪的轴向相对地球坐标系的位置不变，如图 9-4(b)所示，x_γ、y_ψ 随飞机转动了 $90°$，而陀螺仪I、II的角动量方向同 $\psi = 0°$ 时一样。在这个新的位置上，要使平台对横滚轴和俯仰轴上的干扰作用仍保持稳定，陀螺仪II应该与俯仰放大器 A_ψ 和俯仰轴稳定电机配合工作；而陀螺仪I应该与横滚放大器 A_ψ 和横滚轴稳定电机配合工作。否则，就会出现不协调现象：横滚轴上的干扰力矩引起俯仰轴上的稳定电机工作；俯仰轴上的干扰力矩引起横滚轴稳定电机的工作。这样，两个稳定轴上稳定回路的对应工作关系就被搞乱了。按此分析，即使给两个陀螺仪的力矩器加上与指令角速度大小成比例的电流，也无法实现两个稳定轴的空间积分工作状态。

为了保证这个航向上两个稳定回路仍能协调工作，可以将陀螺仪的输出信号与放大器、稳定电机之间的联系加以改变，如图 9-4(c)所示，则可保证工作正常。但当航向变化不是 $90°$ 时，例如从 $0°$ 到 $90°$ 间任意一个角度，这时图 9-4(c)那样直接换接两个稳定回路的做法就未必能解决问题。只有使两个陀螺信号器的输出经过方位坐标分解器处理之后，再送至相应的放大器和稳定电机，才比较合理。

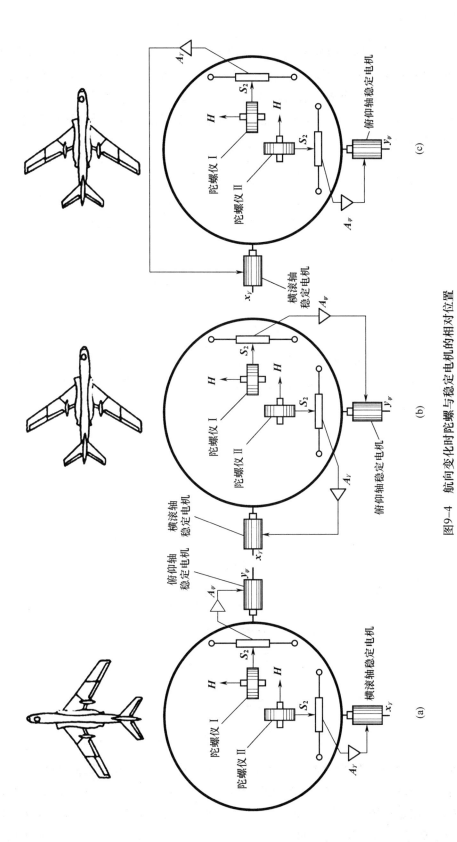

图9-4　航向变化时陀螺与稳定电机的相对位置

经过推证，方位坐标系所要实现的数学关系是一个正余弦变压器，如图 9-5 所示。两个水平回路陀螺 I、II 信号器 S_2 的输出，不是各自直接仅控制俯仰放大器和横滚放大器的输入，而是同时对两个放大器输入端分配信号，即一个信号器要控制两个放大器输入和两个稳定电机的工作。只有这样三轴平台才能协调工作。由于沿方位轴的信号并不受航向变化的影响，因此也不必进行信号分配。

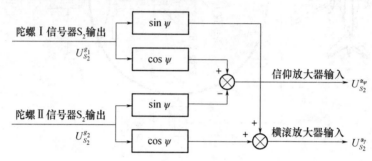

图 9-5　方位坐标分解器转换关系

方位坐标分解器也叫坐标变换器。其中最简单的形式就是一个正余弦旋转变压器，如图 9-6 所示。其实质上是一个正余弦自动计算器。因为它是按方位变化分配的，所以

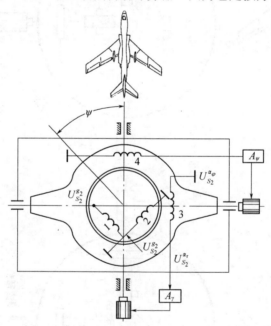

图 9-6　方位坐标分解器的连接关系

旋转变压器的转子 1 和 2 固定在方位轴上，且转子线圈 1、2 的轴线分别与平台的两个水平轴 OX、OY 平行，并接受来自两个陀螺信号器 S_2 的信号 $U_{S_2}^{g_1}$、$U_{S_2}^{g_2}$，旋转变压器的定子 3 和 4 固定在俯仰环上，且定子线圈 3、4 的轴线分别与俯仰环坐标系的两个水平轴 ox_ψ、oy_ψ 平行，其定子线圈 3 的输出信号 $U_{S_2}^{\alpha_\gamma}$，进入横滚放大器 A_γ，定子线圈 4 的输

出信号 $U_{S_2}^{\alpha_\psi}$，进入横滚放大器 A_ψ。图 9-6 是 $\psi=0°$ 时的相对位置，此时，方位坐标分解器的输出与输入之间的信号关系为

$$\begin{cases} U_{S_2}^{\alpha_r} = K_{\text{acr}} U_{S_2}^{g_2} \\ U_{S_2}^{\alpha_\psi} = K_{\text{acr}} U_{S_2}^{g_1} \end{cases} \tag{9-5}$$

式中 K_{acr}——方位坐标分解器的传递系数（旋变的变压比）。

如 $\psi \neq 0$，则因转子由平台稳定不动，而定子随飞机顺时针转动 ψ 角，如图 9-7 所示。此时定子 3 和 4 可以同时感受转子 1 和 2 的信号，如考虑图中定子及转子的几何位置和信号的正向，按照变压器原理，总可实现定子输出信号与转子输入信号之间的如下关系：

$$\left. \begin{array}{l} U_{S_2}^{\alpha_r} = K_{\text{acr}} (U_{S_2}^{g_2} \cos\psi + U_{S_2}^{g_1} \sin\psi) \\ U_{S_2}^{\alpha_\psi} = K_{\text{acr}} (-U_{S_2}^{g_2} \sin\psi + U_{S_2}^{g_1} \cos\psi) \end{array} \right\} \tag{9-6}$$

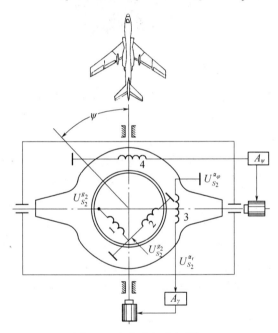

图 9-7 方位坐标分解原理

显然，这个关系式与图 9-5 方位坐标分解器所表示的关系是完全相同的。可见利用旋转变压器，能把输入电压转变成与转子、定子夹角成正余弦关系的信号。这样，图 9-3 所示的三轴平台便可正常工作。

9.2.3 正割分解器

图 9-8 绘出了三轴惯性平台，在俯仰环 ψ 相对横滚环 γ 有俯仰角 θ 时，各环架的几何位置。由于横滚角 γ、俯仰角 θ、方位角 ψ 是指绕各自环架轴 x_γ、y_ψ、z_α 三个轴的正向的转角为相对偏角，图中 "$-\theta$" 则表示的是 γ 环相对 ψ 环的转角，即 ψ、α 环不动，仅 γ 环绕 y_ψ 轴负向转动了 θ 角。

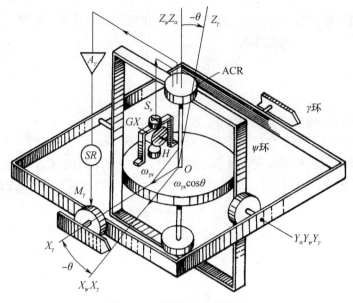

图 9-8 正割分解器的设置

我们以二自由度陀螺仪 *GX* 的输入轴作平台横滚轴的稳定测量基准，来说明为什么需要设置正割分解器。若沿横滚轴 ox_γ 有干扰角速度 $\omega x_{\gamma x}$ 存在，因 *GX* 陀螺仪输入轴在平台水平面内，仅能敏感平行于它的输入轴方向的分量 $\omega x_{\gamma x} \cos\theta$，由于陀螺感受角速度比实际值少，所以 *GX* 陀螺信号器 S_x 的输出转角及输出电压都会随 θ 的增大而减小。所以横滚稳定回路的总增益也随着 θ 的增大而减小。特别是当 $\theta = 90°$ 时，回路的总增益下降到零，不能保证稳定回路正常工作。同样，对由三自由度陀螺构成的平台，横滚环的转角 γ 在平台台面上的投影为 $\gamma\cos\theta$，信号器的输出也受到影响。为了在 θ 变化时始终保持横滚稳定回路总增益不变，接入了正割分解器 *SR* 以抵消 $\cos\theta$ 所起的不良作用。

解决增益不变的根本办法，即在外横滚稳定回路中乘以 $\sec\theta$ 倍，以抵消上述 $\cos\theta$ 的影响。具体补偿电路原理如图 9-9 所示。U_φ 为内横滚环倾斜角传感器的输出电压，K 为

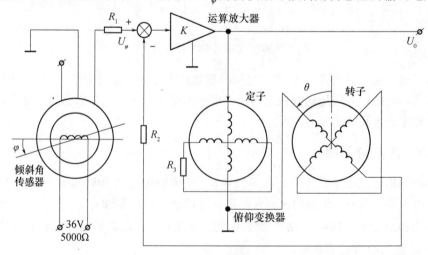

图 9-9 正割补偿器电路

运算放大器的放大倍数，U_o 为运放的输出电压（接入外横滚伺服放大器通道）。装于俯仰环轴上的俯仰角变换器，实际上是一个正余弦旋转变压器，用来测量俯仰环架转角 θ。设定子到转子绕组的变压比为 n，这样俯仰变换器就与运放构成一个小闭环回路，以实现正割补偿的要求，小闭环的简化方框图如图 9-10 所示。

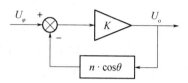

图 9-10　正割补偿电路方框图

由图 9-10 得

$$\frac{U_o}{U_\varphi} = \frac{K}{1 + Kn\cos\theta} \tag{9-7}$$

若 K 足够大，且令 $K' = \dfrac{1}{n}$，则上式变为

$$U_o = K'U_\varphi \sec\theta \tag{9-8}$$

显然，接入这一闭环回路后，输出与输入电压之间便成正割关系，实现了对横滚稳定伺服回路的增益补偿。

9.2.4　方位锁定回路

由三自由度陀螺仪构成的三轴平台，需要两个陀螺，它们在台体上的配置可有不同方案，图 9-3 是两个陀螺自转轴都处于水平，外环轴都处于垂直时的安装方式。

这种形式的三轴平台，两个陀螺的转子轴应当严格地保持垂直关系，并分别与平台的两个水平轴平行。这样两个陀螺的内环轴才能保持垂直关系，分别起到稳定平台两个水平轴基准的作用。我们知道，平台上的两个陀螺都是三自由度陀螺仪，绕外环轴相对平台都具有转动自由度，作用在陀螺内环轴上的干扰力矩将引起陀螺绕外环轴漂移，但这两个陀螺绕外环轴相对平台是否会有相同的漂移，是否会出现大的偏角，则必须根据具体的情况作具体的分析。实际上由于平台有了方位稳定回路，陀螺 II 绕外环轴上的信号器输出的信号经放大器放大后，送给方位轴上的稳定电机。因此，当陀螺 II 绕外环轴漂移，改变其转子轴在空间的方位时，通过方位稳定回路的作用，使平台跟踪陀螺 II 绕方位轴漂移，因此陀螺 II 转子轴相对平台水平轴 OY 的偏角总是保持在极为微小的范围内。

然而，当陀螺 I 绕外环轴漂移，改变其转子轴在空间的方位时，由于平台绕方位轴受陀螺 II 控制，并不跟随陀螺 I 漂移，因此陀螺 I 转子轴相对平台水平轴 OX 的偏角将会随时间而增大，这就说明，单有方位稳定回路，两个陀螺的转子轴将无法保持相互垂直的关系。

另外，当给陀螺 II 内环轴施加指令力矩时，陀螺 II 的自转轴以及平台都会转动，而由于陀螺Ⅰ的稳定性，其外环相对平台会出现一个反向转动，二者大小相等、方向相反。如果转动角度超过陀螺Ⅰ绕外环轴允许最大角度，则陀螺Ⅰ还会和止挡机构发生碰撞，因而使平台无法正常工作。

为了防止陀螺Ⅰ的碰撞和转子轴相对平台水平轴 OX 产生偏角，必须增加一套方位锁定回路。方位锁定回路由陀螺Ⅰ外环轴上的信号器、放大器以及陀螺Ⅰ内环轴上的力矩器组成。当陀螺Ⅰ绕外环轴漂移，其转子轴相对平台水平轴 OX 出现偏角时，陀螺Ⅰ外环轴上信号器输出信号，经过放大器放大后送给内环轴上的力矩器。力矩器产生的控制力矩使陀螺Ⅰ绕外环轴进动，控制力矩的方向指向减小偏角的方向，从而消除了陀螺Ⅰ转子轴相对平台水平轴 OX 的偏角。也就是说，通过方位锁定回路的作用，把陀螺Ⅰ转子轴锁定在陀螺Ⅱ转子轴垂直的位置上。

除了以上各部分组成外，三轴平台的三个环架轴上还分别装有横滚角、俯仰角、方位角（航向角）旋转变压器，以便测量飞机的姿态和航向角信号。

9.2.5　四环三轴惯性平台

1. 三环三轴平台的"环架锁定"

三轴惯性平台因为只有三个环架，所以称为三环三轴平台。这类平台为便于测量飞机的真实倾斜角和真实俯仰角，都使平台横滚轴与飞机纵轴平行。但是这种安装形式，在飞机俯仰时，飞机将带动横滚轴和横滚环一起俯仰，使横滚轴偏离水平位置。如果飞机的俯仰角达到90°，横滚轴就与方位轴重合在一起，同平台的台面相垂直，这时平台失去了一个自由度，如图9-11所示。平台电机安装的三个轴 ox_γ、oy_ψ、oz_α 处于同一个平

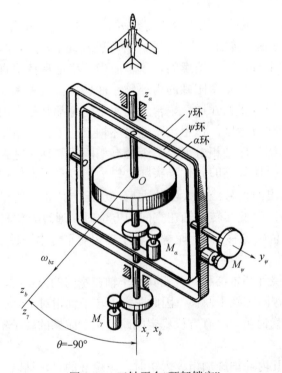

图 9-11　三轴平台"环架锁定"

面内，出现了所谓"环架锁定"的工作状态。在这种情况下，如飞机绕立轴 oz_b 以角速度 ω_{bz} 转动时，也将通过环架带动平台转动，从而破坏了平台的稳定状态，同时也破坏了横滚轴稳定回路的工作（参见图 9-3）。因为横滚轴稳定电机是受陀螺仪 II 内环轴信号器 S_2 输出信号控制的，出现环架锁定时，陀螺仪 II 的内环轴与平台横滚环轴 ox_γ 相垂直，不再敏感 ox_γ 轴的干扰角转动。因此，稳定电机也不可能产生稳定力矩平衡这一转角的干扰力矩。

这样，横滚环将按干扰力矩的大小和方向进行运动，该轴的几何稳定状态将难以实现。事实上，在俯仰角大到一定程度，即使还未出现环架锁定，平台绕横滚轴的稳定作用就已经大大降低而不能正常工作了。因此，规定三环三轴稳定平台的俯仰角应远小于 90°，如 60°~45° 以内的工作范围。但是，这样的规定，对许多飞机，特别是要求机动飞行的军用机来说是难以接受的，它希望平台能在飞机倾斜、俯仰均为 360° 情况下正常工作。即要求平台能够完全和飞机的角运动相隔离。或者说，不论在什么飞行状态下，平台稳定电机三个轴应是正交的，从而避免环架锁定状态带来的弊病。解决这个问题的办法是在三环外再加一个环构成所谓四环三轴惯性平台。

2. 四环三轴平台的构成

出现环架锁定的现象是俯仰角 $\theta = 90°$ 时造成的，为什么此时会使俯仰环相对横滚环出现 90° 的运动呢?原因在于当倾斜角 $\gamma = 0$，基座有角速度 ω_{by} 时，基座就通过横滚轴的刚性几何约束，使 γ 环绕 oy_ψ 轴和基座一起转动，到一定程度就使 ox_b、oy_γ、oz_α 三轴重合。可见 ω_{by} 是产生环架锁定的直接原因，如平台能隔离 ω_{by}，可避免环架锁定的出现。

为了隔离 ω_{by} 可把一个完整的三环三轴平台支承在一个附加环上，构成四环三轴惯性平台，如图 9-12 所示。此时由内向外各环的名称依次定为方位环（平台）、内横滚环、俯仰环和外横滚环，并分别用符号 α、q、ψ 和 γ 表示。为了测量真实的倾斜角和俯仰角，外横滚环的支承轴仍与飞机纵轴平行安装。支承在外横滚环上的三环三轴平台的三个稳定电机，和台体上陀螺仪之间的信号传递关系，跟上一节讲的三轴稳定平台完全相同。只是两个水平陀螺仪输出信号控制的将是内横滚轴稳定电机和俯仰轴稳定电机了。如果设内横滚环坐标系为 $ox_q y_q z_q$，它相对俯仰环的转角为 ψ。只要在任何情况下保证 $\psi = 0$，

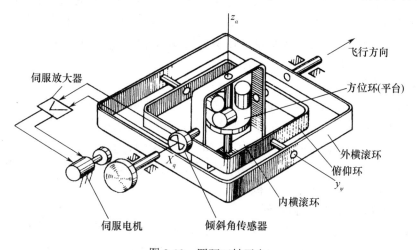

图 9-12　四环三轴平台

即可实现三个稳定电机轴的正交。因为在四环三轴平台中，γ 环的角速度 ω_γ，对内三环三轴稳定平台的影响，就相当于一个普通三环三轴平台中 ω_b 对它的影响，既然能始终保证内三轴正交，也就等于完全隔离了四环三轴稳定平台 ω_b 对内三轴平台的影响，相当于隔离了 ω_b 对一个三环三轴平台的影响。这样飞机的角运动就被完全隔离。

为了实现 $\psi=0$，仅仅加一个外横滚环是不够的，因为飞机有沿外横滚轴的角速度 ω_{bx} 存在时，由于 γ 环支承轴中的摩擦约束，飞机将带动 γ 环绕 ox_b 轴和飞机一起转动，从而使俯仰轴 oy_ψ 向方位轴 oz_α 靠近，当飞机绕外横滚轴转动角达到 90° 时，oy_ψ 轴与 oz_α 轴重合，从而又会使内三轴处于环架锁定状态。为了消除这个轴向的摩擦干扰，必须隔离 ω_{bx} 的耦合作用。按照前面已有的概念，只有借助稳定伺服回路产生稳定力矩，才能平衡这种干扰。所以四环三轴稳定平台，除附加第四个环外，还需设置外横滚伺服回路，如图 9-12 中的倾斜角传感器、伺服放大器和伺服电机组成的闭合回路。

9.3　惯导系统的初始对准

惯性导航不同于其他导航设备的显著特点，是起飞前必须进行初始对准(或叫准备)，而且一般要 10min 以上，这也是惯导一个突出缺点。

惯性导航系统的初始对准，是指系统在尚未进入导航工作状态之前，使惯导平台与理想平台坐标系相重合的过程。惯导系统初始对准的目的是为加速度计提供测量基准，从而为导航计算提供必要的初始条件。因此，惯导系统初始对准的好坏，将直接关系到惯导工作性能的好坏。

9.3.1　初始对准的目的及要求

由惯导原理可知，载体的速度和位置是由加速度计测量的加速度经积分计算而得到的。要积分就必须知道初始条件，如初始速度和位置。惯导平台是测量加速度的基准，要精确测量加速度就必须保证平台处在预定的坐标系(导航坐标系)内，否则将引起测量误差。又由系统误差分析可知，陀螺漂移等误差源是引起系统误差的主要原因，如何对陀螺漂移进行测定，以便在系统中进行补偿，这对提高导航精度也是十分重要的。

综上所述，惯导系统在初始对准阶段所要完成的主要工作应是：输入初始条件；调整平台到预定的坐标系；对陀螺进行测漂。

1. 输入初始条件

惯导系统在进入正常的导航工作状态之前，应首先解决积分运算的初始条件问题，即输入初始速度和初始经纬度。在静基座条件下(如地面对准)，初始速度为零，初始位置为当地的经纬度；在动基座条件下(如空中对准)，初始条件一般是由外界提供的速度和位置信息来确定。总之，给定系统的初始速度和位置的操作过程很简单，只要将这些初始值通过控制显示装置选入导航计算机即可。

2. 调整平台到预定的坐标系内

惯导平台的初始调整是一个比较复杂的操作过程，它涉及整个惯导系统的操作过程。如何将惯导平台在系统开始工作之前，调整到要求的坐标系内，是惯导初始对准的主要任务。由系统误差分析可知，实际平台系与理想平台系之间存在着误差角。对惯导系统来说，这个误差角越小越好。初始对准就是要将实际平台系与理想平台系对准到相互重合的状态。然而由于陀螺角动量是相对惯性空间保持方位稳定的，当惯导平台启动后，若事先不对陀螺力矩器施加控制指令信号，平台就将稳定在惯性空间，一般来说，平台相对惯性空间的位置是随机的。可见，若不进行惯导平台的对准，则平台启动后，初始实际平台系与理想平台系之间会存在较大的偏差角，从而使整个惯导系统无法进入正常工作。要使整个惯导系统顺利地进入导航工作状态，必须从一开始就调整惯导平台，使实际平台系与理想平台系重合。当然，由于存在元部件及系统误差，对准时不可能使实际平台系与理想平台系完全重合，只能是近似重合，其近似重合程度与对准技术和对准时间等因素有关。

3. 陀螺的测漂

在对准过程中，除了要进行输入初始条件和调整惯导平台的工作之外，还需进行陀螺的测漂工作。由于陀螺漂移是系统的主要误差源，如果不尽量减小这些误差，对准精度将难以提高。因此，陀螺漂移量的测定，是对准过程中不可缺少的环节。一般情况下，惯导平台的对准和陀螺的测漂是相伴进行的。

4. 对准的指标要求

惯导系统初始对准的指标要求有两个，一是对准精度，二是对准时间。由于惯导系统在对准时，不可能使实际平台系与理想平台系完全重合，只能要求它们尽可能接近，因此对准精度的高低就直接反映了初始对准的好坏。通常，要求水平初始对准精度在几十角秒以内，方位初始对准精度一般比水平精度稍低。为满足对准精度的要求，除了要求陀螺和加速度计具有高质量外，惯导系统还应具有较好的抗干扰能力。对准时间的要求是尽可能短，一般在十几分钟以内。对军用飞机而言，为满足快速出动等要求，对对准时间的要求更为苛刻。然而，对准时间和对准精度之间往往是互相矛盾的，要提高对准精度，对准时间就可能长；要缩短对准时间，对准精度就难以得到保证。解决这个矛盾的方法是互相兼顾、有所侧重，视使用场合的不同进行取舍。

5. 对准的方法及分类

惯导系统初始对准的方法一般有两种：一是引入外部参考基准，如通过光学或机电的方法，将外部参考坐标系引入惯导平台，使平台系与外部基准坐标系重合；二是利用惯导自身的敏感元件，如加速度计和陀螺测量地球重力加速度和地球自转角速度，结合惯导系统的工作原理，组成闭环控制系统进行自主式对准。

惯导系统在进行初始对准时，一般包括水平对准和方位对准。水平对准一般以重力矢量为基准，通过水平加速度计敏感重力加速度沿平台平面的分量，产生控制平台的施矩信号，使平台回到当地水平面内。方位对准是在水平对准基础之上进行的，其目的是确定平台的方位指向，通常采用罗经对准方案(即利用陀螺敏感地球自转角速度来进行方位对准)。

为满足对准精度的要求，对准时又分为粗对准和精对准。粗对准要求尽快地将平台调整到某一精度范围内，这时缩短调整时间是主要指标。精对准是在粗对准基础上进行的，此时对准精度是主要指标，精对准结束时的精度，就是平台进入导航工作状态时的初始精度。惯导系统工作时，其导航精度将直接取决于在初始对准结束时的精度。

但是，由于惯导系统在开始通电之前，惯导平台在空间的位置是任意的。如果在系统通电后，立即进行粗对准和精对准，则系统需要花费较长的时间才能把惯导平台对准在规定的精度范围内，这显然是不满足对准快速性要求的。为解决这个问题，在平台式惯导中，先利用平台各环架轴的角度同步器或旋转变压器的信号进行平台锁定(或称平台扶正)，使平台快速转动到与飞机坐标轴相重合的位置上。

9.3.2 平台锁定

平台锁定是一种快速拉平和定向过程。惯导系统利用自身设备，用机械的方法使平台近似趋于水平和定向，不致使平台环架偏离要求角度过大。

平台锁定由水平锁定和方位锁定两大部分组成，如图 9-13 所示。

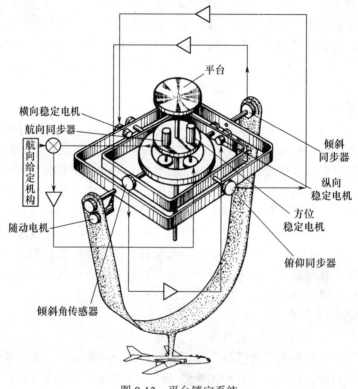

图 9-13　平台锁定系统

水平锁定部分由外横滚锁定系统、内横滚锁定系统和俯仰锁定系统组成。其中外横滚锁定系统由倾斜同步器、放大器和随动电机组成。内横滚锁定系统由倾斜角传感器、放大器和纵向稳定电机组成。俯仰锁定系统由俯仰同步器、放大器和横向稳定电机组成。方位锁定系统由航向同步器、航向给定机构、放大器和方位稳定电机组成。

上述各锁定系统的工作原理基本相同，如图 9-14 所示。现以外横滚锁定系统为例来说明其工作过程。当外横滚环和飞机平面一致时，倾斜同步器的转子线圈和定子线圈的A、B 两绕组的夹角相同，在 A、B 两绕组中感应出的电势大小相等、相位相反，故放大器没有信号输入，随动电机不转动。当外横滚环与飞机平面不一致时，倾斜同步器的转子线圈和定子线圈的 A、B 两绕组的夹角不等，放大器有电信号输入，经放大后驱动随动电机，随动电机带动外横滚环转动到与飞机平面相一致的位置。这样，外横滚环就可基本与地平面平行(平行的程度取决于飞机所在平面的水平状况)。很显然，通过各锁定系统的工作，可使准备时间大为缩短。

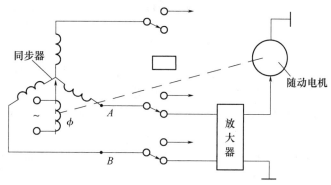

图 9-14　锁定系统工作原理

9.3.3　水平对准原理

水平对准的任务，是将实际平台系两水平轴对准到与当地水平面平行。通常规定相差在角秒级或角分级以内即认为对准完成。

水平对准的基本原理是依靠平台上的两个水平加速度计，分别感受地球重力加速度 $\bar{g}$ 的分量，来确定平台偏离水平面角度大小。如图 9-15(a)所示，平台、当地水平面和测量加速度大小的加速度计敏感轴三者平行。在起飞前的静基座条件下，没有飞机加速度，仅有地球重力加速度 g 又与其垂直，即加速度计敏感轴无加速度分量输入，当然加速度计也无输出，证明平台确定已经水平。图 9-15(b)表示平台一个方向相对当地水平面有一偏角 φ，装于平台上的加速度计及其敏感轴也同样偏离水平面一个 φ 角。这时，重力加速度 $\bar{g}$ 与敏感轴不再垂直，必有分量，大小为 $g\sin\varphi$。于是加速度计有输入，也有输出，且输出信号的大小与偏角 φ 有关。可见通过测量加速度计的输出，便可确定实际平台台面相对水平面的偏离。这个偏离可通过图 9-16 的系统修正平台到水平。

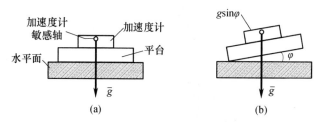

图 9-15　加速度计敏感平台偏离

133

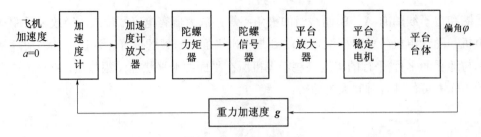

图 9-16　水平对准回路

加速度计的输出信号首先经加速度计放大器进行放大，然后送至平台上的陀螺力矩器，并产生沿轴向的力矩。陀螺受到这一力矩作用后，即刻产生进动，使陀螺信号器（类似同步器）产生与进动角度成比例的信号，该信号经平台伺服系统放大器放大（参见图9-2），给平台轴上的稳定电机，经减速器带动平台转动，使偏差角 φ 不断减小。加速度计的输入信号 $g\sin\varphi$ 也随之减小，φ 进一步减小。通过闭环反馈控制回路的连续作用，直至 φ 近似为零，即实际平台与水平面平行，完成了水平初始对准的任务。

水平粗对准时，由于平台相对水平面偏角 φ 较大，所以加到陀螺力矩器的电流也大，稳定电机力矩也大。水平精对准阶段，φ 角已经很小，加至陀螺力矩器的电流明显减小，平台校正到水平面的过程也较平缓。平台最终对准到水平面的程度取决于加速度计的零位输出，即无加速度输入时，加速度计的输出值。可见加速度计的精度也直接影响平台的对准精度。另外，陀螺漂移会 1:1 传给平台。所以水平对准好了，如不测出陀螺漂移（每小时偏离多少度），并予以补偿，对准精度仍然是持久不了的。所以，对准过程中，必须测试陀螺漂移。

9.3.4　方位对准原理

方位对准的任务是使平台在方位上的明确指向。即让平台在方位上对准正北，或让平台方位轴对正在与北向有一已知夹角的位置上。图 9-17 是平台三个轴对正东、北、天方向示意图，即完成水平和方位对准后，平台坐标系与地理坐标系正好对正。

那么如何使平台对北呢?通常借助于外部能够测出方位的设备，协助惯导方位对准的有：磁航向法、光学瞄准法、给定航向法、存储航向法等。这类方法对准时间快，但相对比较复杂，且精度依赖于辅助设备的精度。下面介绍最常用的也是最基本的依靠惯导

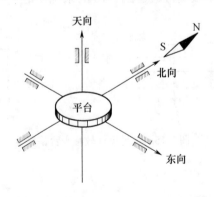

图 9-17　理想平台三轴方位示意图

本身进行方位对准的方法，即陀螺罗经自对准法。

由于地球自转角速度 Ω 在地理北向的投影 Ω_N 为

$$\Omega_N = \Omega\cos\varphi \tag{9-9}$$

式中　φ——当地纬度。

如图 9-18 所示。如实际平台坐标系与地理坐标系对正，即 OX_P 与 OE 重合，OY_P 与 ON 重合，则 $\Omega\cos\varphi$ 在 OX_P 轴上无分量（投影）。若平台系没有对正地理北向，即 OY_P 偏 ON 一个 ϕ_z 角，则 OX_P 也偏东向 OE 一个 ϕ_z 角，如图 9-19 所示。这样，$\Omega\cos\varphi$ 这个角速度就会在 OX_P 轴上有投影：$\Omega_x = \Omega\cos\varphi\sin\phi_z$。它的存在，表示由于地球自转运动的影响，使地平面以 Ω_x 这样的角速度转动。而平台由于陀螺的稳定性保持不动。于是平台跟踪不了当地地平面，二者出现偏差 ϕ_x。根据水平对准原理（参见图 9-16），平台偏角 ϕ_x 经重力加速度 $\bar{g}$ 作用，而输入给加速度计的信号为 $g\sin\phi_x$，该信号经放大、积分计算得速度误差 δV。可见，通过测量 δV 即可测量 $g\sin\phi_x$，即 ϕ_x 的大小。又由 ϕ_x 可测量 $\Omega\cos\varphi\sin\phi_z$，即 ϕ_z 的大小。据此，可以利用 δV 作为控制信号，设计一个控制环节去控制 ϕ_z 角，使 ϕ_z 角减小到零或减小到所允许的范围内。这时的实际平台就认为对正北向了。同控制水平偏差角一样，要想控制方位轴的误差角 ϕ_z，必须对平台方位陀螺施矩才能实现。按照这样的物理过程，可以设计一个传递函数为 $K(s)$ 的控制环节，这个环节的输入信号取为 δV，输出信号为 $K(s)\delta V$，该信号可以控制平台上的方位陀螺，使平台方位上的放大器、稳定电机带动平台方位轴转动，控制原理框图如图 9-20 所示。由于 ϕ_z 的减小，使罗经效应项 $\Omega\cos\varphi\sin\phi_z$ 减小，平台水平陀螺力矩器的输入电流减小，ϕ_x 减小，最终 δV 减少，ϕ_z 进一步减小，处于一个闭环反馈控制过程，直至 $\phi_z \approx 0$ 为止。

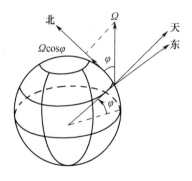

图 9-18　$\Omega\cos\varphi$ 在 OX_P 轴上无分量

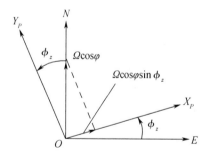

图 9-19　$\Omega\cos\varphi\sin\phi_z$ 的产生

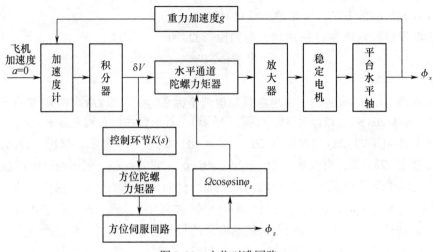

图 9-20　方位对准回路

方位罗经对准原理方案如图 9-21 所示。把从 ϕ_z 角开始，经过罗经效应 $\phi_z\Omega\cos\varphi$ 影响的各个环节到 δV_y 输出，然后再经过方位控制环节 $K(s)$ 到方位陀螺，直到平台绕 z_p 轴反向转动 ϕ_z 角为止的这段回路，称为罗经回路。显然，这个罗经回路是一个闭环负反馈回路。

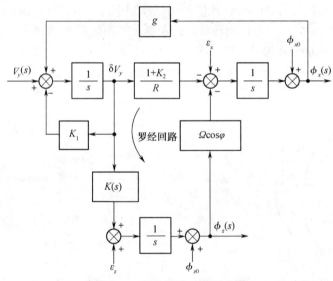

图 9-21　方位罗经对准原理图

由方位罗经对准原理可知，方位罗经对准能够得以实现的关键是平台的水平误差角 ϕ_x 和方位误差角 ϕ_z 之间存在着联系，而这种联系只有在二阶水平对准回路中才会出现。

可以分析，影响方位误差角的主要因素是东向陀螺漂移 ε_x，而方位陀螺漂移 ε_x 的影响可通过合理选择回路参数而降低到最小程度。若忽略方位陀螺漂移 ε_x 的影响，则方位稳态误差角可表示为

$$\phi_z(\infty) = \frac{\varepsilon_x}{\Omega\cos\varphi} \tag{9-10}$$

由此可见，方位对准精度是和东向陀螺漂移紧密相关的。下面就该式所表达的物理意义加以说明。

如前所述，交叉耦合项 $-\phi_z\Omega\cos\varphi$ 对平台 x 轴的影响和东向陀螺漂移 ε_x 是等效的。如果 $\phi_z\Omega\cos\varphi \equiv \varepsilon_x$，则 $-\phi_z\Omega\cos\varphi$ 对水平对准回路不起作用，方位误差角 $\phi_z = \dfrac{\varepsilon_x}{\Omega\cos\varphi}$ 也将处于稳定平衡状态。例如 $\varepsilon_x=0.01°/h$，则 $\phi_z(\infty)$ 将有 2.3'~4.6'（$\varphi=0°\sim60°$）的稳态误差。因此，东向陀螺漂移 ε_x 直接影响方位罗经对准的精度，为提高方位对准精度，应在对准阶段测出 ε_x 并加以补偿。否则对准精度将受 ε_x 直接影响，且随纬度 φ 的增高而明显下降。

复习思考题

1. 说明飞机的经纬度与飞机的初始位置、加速度之间的关系。
2. 简要说明惯性导航系统的组成。
3. 简述惯性导航的特点。
4. 简述四环三轴惯导平台的组成。
5. 说明惯导系统初始对准的作用及意义。
6. 简要概述惯导系统依靠惯导自身进行水平对准和方位对准的原理。

第三篇　飞机电气系统

第10章　电气系统概述

现代飞机装备大量机载设备，进行飞机操纵控制以发挥其战术技术性能和完成飞行任务。如航空发动机的起动、点火和控制系统，航空仪表、飞行控制、导航系统，通信和航空电子系统，空调和供气系统，防火系统，燃油系统，液压系统，防冰加温系统，应急救生系统，氧气系统，起落架收放、机轮刹车和舱门启闭系统，照明和信号系统，供电系统，等等。

以上设备包含两个部分，一部分为能量消耗设备，另一部分为能量产生、变换、控制、分配及存储设备，即能源部分。现代飞机设备的能源有三种：电能、液压能和气压能。例如仪表和导航设备靠电能工作；操纵飞机舵面的作动机构目前都大都为液压作动筒，靠液压能工作；机轮刹车不少用气压能工作。为了与推动飞机飞行的航空发动机的主能源相区别，上述能源又称飞机二次能源，其大多数是靠航空发动机一次能源转换而来的。

为了使飞机上各系统和设备正常工作，完成预定的功能，需要使用各种形式的能源。电气设备比使用其他类型能源的设备有更多独特的优点，尤其随着电子技术的迅猛发展和全电飞机的诞生，电气系统在飞机上的重要性大为提高。

广义地说，飞机电气系统是飞机供电系统和飞机用电设备的总称。狭义的飞机电气系统是指飞机供电系统和除自成专业(如飞控系统、火控系统、通信导航系统等)外的其他用电设备，按其功用可分为：①发动机工作状态电气控制；②飞机操纵系统电气控制；③飞机进气道调节板电气控制；④飞机加油用油电气控制；⑤环控和安全设备(如电气防冰、防火等)；⑥飞机机载检测与告警；⑦飞行参数记录与处理系统等。我们所说的飞机电气系统一般是指后一种。

10.1　飞机供电系统的组成

飞机供电系统是飞机上电能产生、变换、输送与分配部分的总称，包含从电源到用电设备输入端的全部，通常分为电源系统和输配电系统两部分。电源系统是电源到电源汇流条间的部分，输配电系统是从电源汇流条到用电设备输入端的部分。

飞机电源系统由主电源、辅助电源、应急电源、二次电源及地面电源供电插座等构成。飞机电源的这种构成方式，目的在于：①保证在各种条件下向用电设备连续和可靠地供电；②保证主电源正常时向设备提供质量高的电能，主电源故障时保证飞机能应急安全着陆；③使飞机能不依赖于地面设备的支持自行起飞和着陆，这对军用飞机尤为重要。

飞机配电系统有常规式、遥控式与固态式三种。常规配电系统的配电线引入座舱内的配电中心，小型飞机采用这种方式。遥控配电的配电汇流条靠近用电设备，座舱内只引入控制线，驾驶员通过接触器控制用电设备。现代大中型飞机采用这种配电方式，以便减轻电网重量。固态配电系统由计算机通过多路数据总线传输控制信息和状态信号，经固态功率控制器对用电设备进行控制。这种配电方式电网重量轻、工作可靠、自动化程度高，目前正在发展中。

现代飞机主电源有低压直流电源、恒速恒频交流电源、变速恒频交流电源、混合电源和高压直流电源等五种。飞机电源的类型实际上是指该飞机上所设主电源的类型。

10.2 飞机供电系统的基本参数

电压、频率、相数和连接方式是飞机供电系统的基本参数，这些参数跟电源系统、配电系统和用电设备的性能、体积重量及费用等有密切的关系。现代飞机供电系统的基本参数为：

低压直流供电系统调节点电压 28.5V，单线制；

恒频交流供电系统调节点电压 115/200V，400Hz，三相四线制；

变频交流供电系统调节点电压 115/200V，300Hz～900Hz，三相四线制；

高压直流供电系统调节点电压 270V，双线或单线制。

10.2.1 电压

供电系统基本参数的选择有技术、经济和历史等原因，在一定技术经济条件下所选电压值是合理的，但随着情况的改变就可能显得不合理了。

早期飞机直流电源借用汽车电源，调节点电压为 12V，随着飞机用电量增加，调节点电压增加到 27.4V、28V 或 28.5V。20 世纪 40 年代出现过 120V 电压的飞机供电系统，但未推广使用。随着恒速传动装置技术的突破，120V 高压直流让位于 115/200V，400Hz 三相交流电，因为用交流电不会出现 120V 直流电的那些问题，而这种交流电的配电线重量在其他条件相同时只有低压直流电的 30%。用 230/400V 三相交流电，只有在飞机用电量进一步加大到数百至上千千瓦时才有意义，因为航空导线的最小导体截面积不取决于通过电流大小，而是取决于机械强度，不小于 0.2mm² 即可。过高的电压不会进一步减小电网重量，反而对人员安全不利，且短路导致的危害性加大。270V 高压直流电是 115/200V 交流电三相桥式整流后的值，两者兼容。采用高压直流是由于技术发展的推动、飞机用电量的加大和容错及不间断供电的需要。

由此可见传输功率大小和配电系统的重量是确定供电系统电压的主要因素，但也应考虑电源、配电装置和用电设备的重量，人员的安全性，高空工作的可靠性，电网允许电压降，短路电流大小，功率损耗，绝缘强度和熄弧时间与历史的继承性等因素。

10.2.2 频率

目前飞机交流供电系统的额定频率为 400Hz，某些飞行器，如有的导弹采用 500Hz、

800Hz 甚至更高的频率。选择电源频率的主要因素是：电气系统重量，电源与用电设备的性能，材料与成件(轴承)的技术水平和历史继承性等。

电磁器件，如变压器、磁放大器和滤波器等的重量和频率有关，在材料一定时，同容量变压器的重量随频率升高而降低，同容量的 50Hz 变压器比 400Hz 变压器重数倍。非晶和微晶导磁材料的工作频率比硅钢片高一个数量级，从而可使变压器等电磁元件体积重量进一步降低。

交流电机的工作转速和频率与极对数有关，电机转速受转子机械强度和轴承寿命的限制，滚珠轴承的最高工作转速在 10000r/min 左右，与润滑和冷却条件密切相关。从电机结构合理性出发以采用 2 至 4 对极结构为好。这样 2 对极转速为 12000r/min 的发电机频率为 400Hz。而电机体积重量在容量一定时与转速密切相关，转速高，重量小，400Hz 电动机比 50Hz 的轻。电动机的转速受其传动的负载限制，对于要求运动速度慢的机械，电动机转速过高则必须有多级减速齿轮，从而降低了传动效率。但是像燃料泵、冷冻机压缩机等，为了减小重量，希望高速运行，如已研制成 45000r/min 的泵和压缩机传动电动机，其工作频率为 1500Hz，采用气浮或磁浮轴承。

导线的重量则随频率的增加而增加。传输功率和距离一定时，频率高，阻抗大，使导线压降和损耗加大，为此必须增加导线铜截面积以减小阻抗，从而导致导线重量加大。

频率还和一些电器的性能有关。磁放大器随电源频率的提高响应加快。触点电器的工作频率以 400Hz~600Hz 为好，此时电弧燃烧时间最短，熄弧后触点间电压增长率比电弧间空气介质强度的恢复率慢，故第一次电压过零后，就不会再产生电弧。

由于早在 20 世纪 40 年代，飞机上就用 400Hz 交流电，再从目前技术情况来看用 400Hz 仍较合理，故目前飞机上都采用 400Hz 交流电。

10.2.3 相数

大多数飞机交流电源都用三相制，少数用单相制。因为三相电机效率高，同容量三相电机的体积重量比单相的小；三相电动机起动方便，起动力矩大；若采用三相四线制，则可有两个工作电压，即线电压和相电压，全金属飞机可以机体为中线；三相系统一相断线不会使整个系统失去供电能力，中线接地电动机一相断线后仍能运行。但三相开关电器比单相的复杂。

由此可见，飞机供电系统基本参数的选择由多种因素决定，不仅与技术水平有关，还受历史沿革的影响，并为各国通用。

10.3　飞机用电设备特性

飞机用电设备按其重要性可分为三类：飞行关键设备，如仪表、飞行控制系统、仪表着陆通信电台等；任务关键设备，是完成飞行任务所必需的设备；一般用电设备，如座舱照明等。不同重要性的设备对供电的要求也不同。

飞机用电设备类型很多，从供电的角度看有些特性是值得注意的。

10.3.1 供电频率特性

有的用电设备必须使用直流电，有的必须使用交流电，有的两者均可，在用交流电时有的必须使用恒频交流电，有的可用变频交流电。直流电磁铁、接触器和继电器、直流电动机只能供给直流电。集成电路、微机芯片不仅应供给直流电，而且要求直流电压较稳定。变压器、磁放大器和交流电动机只能供交流电，通常希望供给频率较稳定的交流电。仅藉变频调速的交流电动机才需根据转速不同提供不同的交流电频率，要求恒速的交流电动机则供电频率也必须恒定。

白炽灯和电加温设备既可供交流电，也可供直流电，它们对交流电的频率也没有要求，可由变频交流电源供电。

10.3.2 起动特性

白炽灯点燃前后的灯丝电阻相差数十倍，故刚接通电源时的电流要比正常工作电流大得多，但因灯丝的热惯性很小，故一般不计此接通电源的起动过程。电动机则不同，它的起动电流大，起动时间长，有明显的起动过程。若飞机供电系统发生故障，导致供电短暂中断，从而使电网中工作的电动机停转，则当一旦恢复供电时，这些电机同时起动，将会给电网带来很大冲击。实际上，任何用电设备都有一个从起动到稳态工作的过程，但多数设备这个过程都较短，一般不计。

10.3.3 输入电压特性

不同用电设备的工作电压是不相同的。集成电路、计算机芯片的工作电压一般为 ±15V 和 5V；飞机用白炽灯工作电压有多种，一般功率越小工作电压越低；但雷达发射机的功率管则工作电压达数千伏。多数交流电动机的额定电压为 115/200V，直流电动机的额定电压为 27V 或 270V。电源电压变化范围对用电设备的影响很大。供电电压的变化有两种，稳态电压变化和瞬态电压变化，稳态电压不稳定是由于飞机使用过程中工作环境变化、发电机转速或负载大小变化所造成的，是一种缓慢的变化。瞬态电压变化是由供电系统突加或突卸负荷，电源或汇流条切换或系统故障引起的短时电压变化，持续时间从几个毫秒至上百毫秒的电瞬变常称为电压浪涌，持续时间 10μs 左右的电压瞬变称为电压尖峰。集成电路、微机芯片、电子元件对电压的稳态和瞬态变化很敏感，电压变化过大会导致其永久性损坏。

10.3.4 输入伏安特性

白炽灯和电阻加热器的稳态伏安特性，即输入电压与输入电流间函数关系为一直线。若用 u 表示输入电压，i 表示输入电流，则 $du/di>0$。航空蓄电池的内阻相当小，一般在 0.01Ω 左右，故有以下近似表达式 $du/di≈0$，即输入电压的微小变化就会导致输入电流的很大变化。电子设备内部的开关电源、稳速控制的电动机，具有 $du/di<0$ 的特性，即负阻抗特性，零阻抗和负阻抗特性对供电系统运行稳定性有很大影响。

10.3.5 对供电系统的影响

用电设备运行的数量和功率，用电设备的投入与切除，直接影响到供电系统的工作，对供电电压大小、频率高低、电压波形和供电系统的发热状态、机械应力等都有影响。用电设备性质不同，影响的程度也不同。对于线性负载，总的影响较小。但是在三相系统中，三相负载配置的不对称，会导致三相电压的不平衡和使三相电机损耗加大。电动机是一种特殊用电设备，它的起动特性和稳态运行特性差别很大，直接起动时起动电流很大且有低的功率因数，对电网电压、电流和频率都有影响。直流电机的特性和工作状态直接与供电电压有关，设 E 为电动机反电动势，电机的输入电压为 U，则当 $U>E$ 时为电动机工作状态；$U=E$ 时为电机空载工作状态，基本上不吸取电源功率；$U<E$ 时为发电机工作状态，电机向电网提供功率，即储于电机内的机械能向电能转化，故大型电动机在电网突然短路，电网电压降低时，成为发电机工作状态，也向短路点送电流。

电子设备的增多，使交流供电系统的波形发生畸变。因为电子设备内部电源首先将输入 400Hz 交流电通过二极管整流电路整流成直流电，经电容滤波后送稳压电路。整流滤波电路是一种典型非线性电路，使交流电源输入电流中出现高次谐波，该高次谐波电流在电源内阻抗上产生高次电压降，从而使电源电压波形畸变，损耗加大，并对电网上其他用电设备产生不良影响。通信电台发射机、雷达和电子对抗设备发射机往往还是一种脉冲工作负载，发射期间消耗功率很大，不发射时则较小，从而使供电电源长期处于瞬变状态，使电能质量降低。

研究用电设备对供电系统的影响，目的是从电源、配电和用电三个方面共同努力，减小或消除这种不良影响，提高供电品质，以改善用电设备性能。

供电系统分成正常、非正常和应急三种工作状态。在供电系统正常时，一般用电设备应具有设计要求的全部技术性能，除非有专门的规定，在供电特性的一定范围内设备的某些性能可以降低，在电源或汇流条转换出现供电中断时，对用电设备的性能不作要求，但恢复供电后，设备性能应全部恢复。在供电系统非正常期间，除非另有规定，一般对设备性能不作要求，但必须保证安全，一旦供电恢复正常，用电设备也应全部恢复其特性。应急供电时，由于应急电源的电气特性低于主电源的特性，应急状态工作的电气设备必须在这种条件下仍具有规定的特性，并保证安全可靠。

10.4 飞机电气设备的工作条件及基本要求

航空电气设备工作条件比地面工业设备复杂得多。飞机使用的气候条件十分复杂，气候的变化也很剧烈。飞机飞行高度和速度的变化使电气设备温度、湿度、霉菌、盐雾和砂尘等因素相应变化，给电气设备散热、材料和机械结构等方面造成较大的影响。

风冷发电机在高速或高空工作时因散热条件变坏使容量显著降低，直流发电机高空电刷磨损加剧。高空时电器带电部分出现电晕，触头分离时电弧不易熄灭。潮湿气体可通过各种途径进入电气设备内部，使绝缘性能变坏。盐雾导致金属材料腐蚀。砂尘进入设备内部也使绝缘性能降低，旋转电机运动部分磨损加快。

振动、冲击和加速度是影响电气设备的机械因素。共振会使设备及其部件迅速损坏，冲击和加速度也是造成材料或零件损伤或疲劳的原因。要特别注意设备的抗振稳定性。

燃油蒸气、臭氧和蓄电池气体等有害气体，燃油、液压油、滑油等液体，红外、紫外、χ 和 γ 射线等电磁辐射，β 射线、质子和中子流等高能粒子流也对电气设备有较大的影响，要防止由此引起的爆炸和火灾等严重事故。

对电气设备的基本要求包括五个方面，可靠性、维修性、体积重量、成本价格和电气性能。

可靠性即要求设备在一定的环境下起到预定的作用，在规定的时间内不损坏。常用平均无故障工作时间 MTBF 作为定量标准。高的可靠性来自良好的设计、认真的制造、全面的检查、合理的使用、准确的安装和正确及时的维修。

在飞机电气设备和其他设备日益增多，且复杂性日益提高的情况下，改善维修性是提高飞机技术和经济性的关键。采用设备自检测系统自检和故障诊断及定位技术，是现阶段改善维修性的重要途径。

减小飞机电气设备的体积和重量，是提高飞机机动能力和经济性的重要方面。新材料、新器件和新技术的发展，是减小电气设备和系统体积重量的关键。

航空电气设备中高新技术的应用也显著提高了它的成本，设备的成本和它的使用寿命直接相关。还应该注意到设备装机后的维修费用，即不仅应考虑制造成本，还必须考虑其全周期费用，即从设备的原材料开始一直到该设备寿命期的总费用。

电气设备的技术性能必须满足飞机总体要求，不能因个别设备性能降低而使系统性能降级，甚至造成飞机的技术性能下降。

复习思考题

1. 试述飞机电气系统的组成。
2. 简要说明飞机供电系统的组成。
3. 飞机用电设备按其重要性可分为哪些类型？
4. 飞机电气设备的工作条件有哪些要求？

第 11 章　飞机电源系统及设备

11.1　飞机电源系统

飞机上用来产生电能的设备，称为飞机电源系统。将电能传输、分配到用电器具的设备称为飞机配电系统。飞机的电源和配电系统，总称飞机供电系统。飞机电源系统由主电源、辅助电源、应急电源和二次电源组成。主电源由发电机及其调节、控制、保护等装置组成；常用的辅助和应急电源是航空蓄电池，也有的辅助电源为一台发电机；二次电源是将主电源的供电形式转换为不同电流、电压和频率等电能的装置，以满足飞机上一些设备的特殊需要。飞机的配电系统主要由输电导线、配电盘(板)、开关电器等装置组成。

目前飞机上供电系统有低压直流、交流和直交流混合等三种供电系统，它们的区别主要在于主电源不同。

11.1.1　直流电源系统

低压直流供电系统，其主电源为发动机传动的直流发电机，辅助和应急电源为航空蓄电池，二次电源为变流机等。为使发电机能够提供优质电能并保证安全供电，发电机还有一些与之配套工作的装置，如电压调节器、反流割断器和过电压保护器等。早期的飞机上，多用炭片电压调节器、电磁式反流割断器和过电压保护器。近些年来，由于半导体器件和集成电路的发展，上述配套装置则采用了晶体管装置，提高了它们的技术性能，减小了体积，减轻了重量。

低压直流供电系统的优点是：便于实现多台发电机和发电机与蓄电池的并联供电；容易保证不中断供电；供电安全、便于维护；发电机还可以作为起动电动机用，使发动机起动设备简化。另外，由于使用了直流电源，所以在用电设备中采用的直流电动机和交流电动机比较，它们的起动、调速性能好。但是，低压直流供电系统也存在一些严重的缺点。首先，输配电系统同高压直流供电系统比较，供给相同功率的电能，其输电导线的横截面积较大，电路网装置的重量较重。再加上现代飞机上用电量日益增加，要求电源容量越来越大，从而使得飞机电源和输、配电装置的总重量就较重。其次，飞机飞行高度越来越高，由于高空(20000 m 以上)大气稀薄，直流发电机换向条件恶化，造成换向器火花增大和电刷磨损加剧。再者，飞机飞行速度大大加快，使得采用空气冷却的发电机因进气温度过高而得不到散热，为此，要采取液体冷却等其他冷却方式，但是，要想实现对发电机转子的液冷，却相当困难。最后，飞机拥有的电子设备、交流用电设备不断增多，它们要用电压数值不同的直流电和不同电压、频率的交流电。为此，要用升压和变流等装置，而这些装置的效率都比较低，一般在 30%～60%之间，虽然也有采用效率较高的静止变流器的，但其重量也较重。总之，低压直流供电系统，越来越不能适应现代飞机发展的需要。

11.1.2　交流电源系统

飞机的交流供电系统，其主电源为发动机传动的无刷交流发电机。与其配套工作的是发电机控制装置，以实现发电机电压的调节、控制和各种保护。其辅助电源是备用发电机。应急电源为航空蓄电池和静止变流器。二次电源则采用变压整流装置，将交流电转变为直流电，供一些设备使用。

交流供电系统按其发电机发出的交流电的频率是否恒定，分为恒频交流电和变频交流电两类。

1. 恒频交流供电系统

恒频交流供电系统，又按其发电机的转速是否恒定，分为恒速恒频和变速恒频交流供电系统两种。

恒速恒频交流供电系统，其发电机经一个恒速装置由发动机传动。因此发电机的转速始终保持一定值，它发出 115V/200V、三相、400 Hz 的交流电。恒速恒频交流供电系统，克服了低压直流供电系统的一些缺点，它的发电机是无刷的，不存在换向问题，因此高空性能好；有的还采用了油冷发电机，不仅解决了高速飞行条件下发电机的冷却问题，而且大大降低了重量功率比。由于电源额定电压的提高，输配电装置的重量则大为减轻。二次电源的结构较简单，效率也较高。

恒速恒频交流供电系统也存在一些问题。如恒速装置的结构复杂、成本高、易出故障、不好维护；交流发电机不能作起动电动机用，需另置起动机；电源的控制和保护装置复杂；实现多个电源的并联供电比直流电源复杂得多；用电设备中的交流电动机，其结构虽然简单，但起动和调速的性能比直流电动机差。

变速恒频交流供电系统，是随着大功率半导体器件的发展，制成了循环变频器和交流—直流—交流变频器而出现的。变速恒频交流供电系统中，发电机直接由发动机传动，其转速随发动机转速变化而变化，它发出的交流电的频率因而也是变化的。将这个变频交流电经上述的变频器变频，就输出一个频率恒定的交流电。故该系统称变速恒频交流供电系统。显然，变速恒频交流供电系统克服了恒速恒频交流供电系统中有恒速装置的缺点。

2. 变频交流供电系统

变频交流供电系统中，发电机由发动机直接传动，发出频率变化的交流电。它仅供给对频率要求不高的用电设备使用，例如一些照明、加温和防冰装置等，使用范围有限。

11.2　飞机电源典型设备及原理

11.2.1　航空发电机

1. 直流起动发电机

飞机直流发电机分为无刷和有刷两类。有刷电机在很多老式飞机上仍在应用，但电机换向存在电刷磨损和电刷火花等问题，制约了电机功率的增大。不用电刷和换向器的直流发电机称为无刷发电机，无刷直流发电机有永磁式和电磁式两种，它简化了电机的机械结构，提高了电机的高空性能和可靠性。发展无刷直流发电机是飞机直流电源的发展趋势。

1) 功用

直流起动发电机用于：在起动状态时带动发动机的转子转动，起动完毕后自动转为发电机状态工作。它装在发动机附件传动机匣上，其转子经可以自动改变传动比的二速传动装置与发动机的高压转子相连接。起动发电机为半封闭式，由引入冷空气气流对发电机进行强制冷却。

2) 组成及原理

起动发电机由壳体、电枢、前端盖、后端盖、通风管和防护带等组成，如图 11-1 所示。壳体前部有八个检查窗口，每个窗口内装有一组电刷架，每组电刷架上固定有三个刷握，每个刷握内安放着一个复式电刷。

起动发电机有八个主磁极和四个整流磁极，有并激绕组、起动串激绕组和整流绕组等三组绕组，其原理电路如图 11-2 所示。

起动时，起动发电机作为一个复励电动机，由地面电源或飞机蓄电池供电。其电枢电流从"Q"接线柱引入，经起动串激绕组、正电刷，电枢绕组、负电刷和整流绕组，然后从"—"接线柱流出。激磁电流则由"B"接线柱引入，经并激绕组和整流绕组到"—"接线柱。

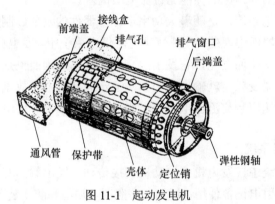

图 11-1　起动发电机

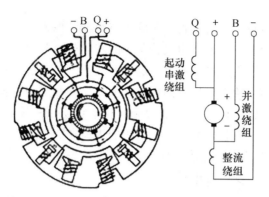

图 11-2 起动发电机的原理电路

发电时，起动发电机作为一个并励发电机，输出电能。其供电路径是：由正电刷出发，到"+"接线柱分两路，一路经外部负载到"-"接线柱、整流绕组回负电刷；另一路经电压调节器的炭柱、发电机"B"接线柱，并激绕组回负电刷。

2. 永磁式无刷直流发电机

永磁式无刷直流发电机是永磁交流发电机和可控整流电路的组合。发电机的转子部分为稀土永磁材料，定子部分包括电枢绕组、三相晶闸管整流桥、平衡电抗器和滤波电容。永磁电机不能用灭磁的方法实现电机内部短路保护，通常用脱扣机构在内部短路时将发电机与原动机脱开。

3. 电磁式无刷直流发电机

电磁式无刷直流发电机的一种方案是由三级电磁式无刷交流同步发电机和二极管整流桥构成。电磁式无刷交流发电机由永磁副励磁机、交流励磁机、旋转整流器和主发电机构成。图 11-3 是电磁式无刷直流发电机的内部电路图。交流励磁机的电枢在转子上产生的三相交流电经旋转整流器整流后供给主发电机的励磁绕组，从而可不采用电刷和滑环。

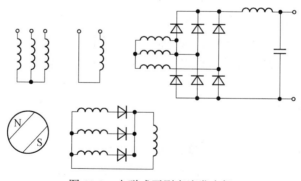

图 11-3 电磁式无刷直流发电机

电磁式无刷直流发电机输出电压通过调节励磁机励磁绕组的电流来实现。

4. 无刷交流发电机

1) 无刷交流发电机的形式

20 世纪 50 年代，为了提高飞机交流电源供电可靠性，研制了旋转整流器式无刷交

149

流发电机，它由主发电机、交流励磁机和旋转整流器等构成。交流励磁机的三相电枢在转子上，产生的三相交流电经装在电机转子上的旋转整流器整流为直流电，作为主发电机励磁绕组的励磁。这样主发电机电枢在定子上，可直接引出三相交流电能。

旋转整流器式无刷交流发电机有两种结构形式：两级式和三级式。两级式电机是在同一壳体内仅装交流励磁机和主发电机，如图 11-4(a)所示；三级式则还有永磁副励磁机，该电机还给发电机控制和保护电路供电，电机的电枢在定子上，转子上为永磁体，如图 11-4(b)所示。B707、B737 等飞机采用两级式无刷交流发电机，B747、B757、B767、A320 等飞机均采用三级式无刷交流发电机。

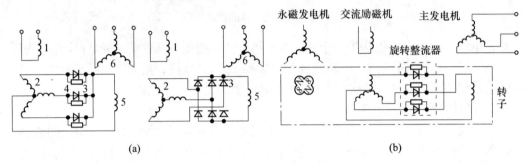

图 11-4　旋转整流器式无刷交流发电机结构图

2) 交流发电机的冷却方式

飞机交流发电机在冷却方式上主要有风冷和油冷两种。风冷即强迫通风冷却，与飞机直流发电机的强迫通风冷却相似。为了减小发电机的体积质量，大容量(30 kV·A 及以上)飞机发电机大多数采用油冷方式。油冷方式有循环冷却和喷油冷却两种形式。在组合传动发电机中，恒速传动装置和发电机的冷却油路采用一体化的设计方案。

11.2.2　航空蓄电池

蓄电池在航空上广泛地被作为机场活动电源和飞机后备电源。蓄电池通常由电极、电解液、隔膜和壳体等四部分组成。按电极材料的不同，可以分为铅蓄电池、锌银蓄电池、镉镍蓄电池、铁镍蓄电池等；按电解液性质的不同，可以分为酸性、中性、碱性等蓄电池。

1. 锌银蓄电池

锌银蓄电池的突出优点是体积小、重量轻、容量大；其次是放电电压平稳，自放电小。缺点是寿命短，容易产生内部短路故障，造价较贵。

锌银蓄电池的正极板有效物质为多孔性结构的过氧化银，负极板是多孔性结构的锌，电解液是氢氧化钾的水溶液。放完电后，正极板上的活性物质变为银，负极板上的活性物质变为氢氧化锌。在放电过程中，电解液中的水将不断被消耗，电解液液面将随之降低。锌银蓄电池每个单格电池的电压通常按 1.5V 计算，为了获得较高的电压，航空用锌银蓄电池通常都由 15 个单格电池串联，其总电压为 22.5V，额定容量为 45A·h。

2. 镉镍蓄电池

镉镍蓄电池和锌银蓄电池一样，也具有能大电流放电和自放电率低等优点。此外，还具有耐过量充放电、低温性能好、使用维护简便、寿命长等优点。

镉镍蓄电池正极板上的有效物质是多孔性构造的氢氧化镍，负极板上的有效物质是多孔性构造的镉，电解液是氢氧化钾的水溶液，是一种碱性蓄电池。镉镍蓄电池放完电时，正极板上的活性物质变为氢氧化亚镍，负极板上的活性物质变为氢氧化镉。另外，在放电过程中，电解液中的水将不断被消耗，电解液液面随之下降。

镉镍蓄电池的结构与锌银蓄电池基本相同，一般由 20 个单格电池组成，每个单格电池的电压通常稳定在 1.3V 左右，其总电压为 24V，额定容量一般为 25A·h。

3. 铅蓄电池

铅蓄电池具有电动势高、内阻小、能适应高放电率放电以及成本较低等优点，应用较为广泛；其缺点是自放电大、寿命较短以及使用维护不够简便。

铅蓄电池的正极有效物质是棕红色多孔性结构的二氧化铅，负极有效物质是灰色多孔性结构的铅，电解液是硫酸加蒸馏水配制而成的稀硫酸(H_2SO_4 占 30%，H_2O 占 70%)。

在放电过程中，正极板的二氧化铅同负极板的铅分别同稀硫酸相化合转变为硫酸铅，同时有水产生，电解液液面随之升高，电解液密度减小。通常，铅蓄电池的电解液密度在 1.05 g/cm^3～1.30 g/cm^3 范围内，电动势约为 2 V 左右。飞机上的铅蓄电池，都由 12 个单格电池串联而成，其总电压为 24 V 左右。

11.2.3　机载二次电源

二次电源是指将主电源的电能形式转换为不同电流、电压和频率等电能的装置，以满足机载用电设备对电能形式的不同需求。

1. 直流二次电源

在以直流电源系统为主的飞机上，二次电源的功能主要是将直流电转换为交流电，即逆变。根据用电设备的需要，其二次电源有 115V、400 Hz 单相交流电，或 115/200V、400 Hz 三相交流电，或 36V 三相交流电以及不是 28V 的直流电。直流电源系统典型的二次电源主要包括旋转变流机和静止变流器两种。

(1) 旋转变流机。早期的飞机直流供电系统的二次电源主要采用旋转变流机，其工作原理是由 28 V 直流电驱动变流机内电动机旋转，以带动变流机内的发电机工作，产生交流电。这种变换方式效率太低，已逐渐被淘汰。

(2) 静止变流器。静止变流器是应用半导体器件把直流电转换成恒定电压和恒定频率交流电的装置，有单相的，也有三相的，其额定功率从几十伏安到几千伏安不等，输出波形为正弦波。

静止变流器按功率转换电路的激励方法不同，分为自激式和他激式静止变流器；按功率元件的工作状态不同，分为放大式和开关式静止变流器；按控制电路的不同，又分为一般式和数字式静止变流器。

2. 交流二次电源

在采用交流电源为主电源的飞机上，其二次电源为变压整流器和蓄电池充电器，用于将 115 V/200 V、400 Hz 或变频交流电转变为 28 V 直流电。典型的变压整流器由三相降压变压器和二极管整流桥构成，由于它自身没有输出电压调节作用，输出电压受负载和电源电压的影响较大，且因为有 400 Hz 变压器，体积质量也较大。随着功率电子技术的发展，现在已开始采用电子式变压整流器。电子式变压整流器实际上是一种有隔离的直流变换器，在它的输入端还有将三相交流电变换为直流电的整流电路，它没有普通变压整流器的缺点。

蓄电池充电器用于装备镍镉电池的飞机上，这种蓄电池要求恒流充电，不采用和发电机并联工作的浮充方式。蓄电池充电器常设计成具有两种工作运行模式，一是充电工作模式，二是变压整流端工作模式，两种模式间可转换。因此，蓄电池充电器与电子式变压整流器是类似的，仅控制方式不同。

复习思考题

1. 试述飞机直流电源系统的组成及其各组成设备的作用与功能。
2. 试述飞机低压直流供电系统的优点。
3. 试述直流起动发电机的功用。
4. 比较锌银、镍镉和铅蓄电池的内部组成。

第 12 章　飞机输配电系统及设备

12.1　飞机输配电系统

12.1.1　配电系统布局

飞机配电系统布局主要包括电网的线制、配电方式和供电电网的形式。

1. 电网的线制

在直流供电系统的飞机上，配电系统采用单线制或双线制。单线制电网，发电机和用电设备的正端采用导线，飞机的金属壳体作为负线。单线制的优点是：电网用导线少，质量轻，安装和维护方便。其缺点是任一导线与机壳接触，都会发生短路故障，因而对导线绝缘的要求高。双线制电网，发电机与用电设备正负端均采用导线。它的优点是导线与飞机壳体接触不会发生短路，因而可靠性比单线制好。缺点是在传输功率和电压降相同的条件下，电网因使用导线多而比单线制重。

交流供电系统，有单相和三相两种电网。单相交流电网有单线制和双线制两种，与直流电网的单线制和双线制类似。目前，广泛采用单线制电网。现代飞机广泛采用以飞机壳体为中线的三相四线制电网。其特点是可获得两种电压，即相电压 115 V 和线电压 200 V。连接在各相上的负载力求相等，以保持三相系统的对称。

2. 配电方式

1) 集中式配电方式

集中式配电优点是当一台发电机损坏时，用电设备仍能由其他发电机继续供电，操作维护方便。因此，这种配电方式在直流配电系统中仍有广泛应用。缺点是配电系统质量大，中心配电装置笨重，一旦受到损坏，所有用电设备均断电。

2) 混合式配电方式

在这种系统中，由电源产生的电能都输送给中心配电装置，一般系统的电源汇流条均设置于此装置中。除中心配电装置处，系统还设分配电装置，它们安装在飞机的不同部位。各用电设备可分别就近由上述两种配电装置获取电能，而一些大功率用电设备，一般由中心配电装置供电。这种配电系统可大大减小导线用量，简化中心配电装置，减轻其质量。但只要中心配电装置遭到破坏，全部用电设备的供电立即中断，与集中式配电一样。这种配电方式目前广泛用于中型飞机。

3) 分散式配电方式

系统中各发电机不并联运行，即每个电源各自的电源汇流条和用电设备汇流条互不并联，但能转换。分散式配电方式适用于电路分支多、用电设备连接导线截面较大的场合，尤其在两台发动机的飞机上得到广泛使用。由于其电源不并联运行，控制保护简单，系统可靠性高，但有可能出现"拍频"干扰。

3. 供电电网的形式

飞机配电系统中的供电电网有开式(辐射式)、闭式和混合式三种。供电电网的形式与供电可靠性、连续性和电能质量相关，还与电网寿命和质量有关。

开式电网，电能仅从一个方向传送到用电设备汇流条。某单台起动发电机配电系统如图 12-1 所示，这是一种典型的开式供电电网。电源汇流条上有 12kW 直流起动发电机和两台航空蓄电池，大功率用电设备直接接于电源汇流条。用电设备汇流条四个，两台蓄电池可实现机上 24V/48V 航空发动机电起动。

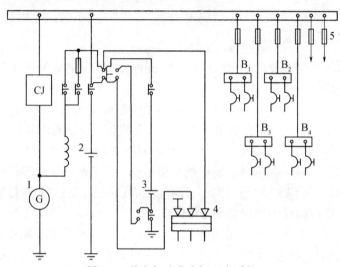

图 12-1 单台起动发电机配电系统

1 - 起动发电机;2,3 - 航空蓄电池;4 - 外电源插座;B2,B3,B4 - 用电设备汇流条;CJ - 反流保护;5-熔体。

闭式供电电网的用电设备汇流条可以由两个或两个以上方向为其供电，故供电可靠性高。图 12-2 是由两台 18kW 主起动发电机，一台 18kW 辅发电机(由辅助发动机传动)、两台航空蓄电池构成的某型飞机供电系统闭式供电电网。

供电电网中有四个电源汇流条，由馈电线互相连接，形成闭式供电网络。用电设备汇流条采用自动后备接通供电方式，正常时，由一路供电，该路电中断后，则自动转接至另一路供电。在 ZKC 配电盒内有重要用电设备汇流条。正常时，由 ZKC 配电盒内的正常工作汇流条供电；一旦故障，供电中断，则通过专线由蓄电池供电。

12.1.2 配电系统的控制与保护

飞机电气设备使用不当，电机、电器、电线等电气设备的绝缘老化，受机械损伤或战斗损坏等原因，都可能使电网发生短路或过载。所以，必须设置电网保护装置，当发生故障或出现不正常工作状态时，将故障部分迅速切除。

1. 配电系统的控制

1)常规配电控制

控制装置采用了继电器、接触器、断路器、限流器等机电式配电设备。为了使空勤人员能直接操纵和控制配电设备，配电中心安装在驾驶舱内。由于发电机馈电线必须

154

从发电机端敷设到驾驶舱，再从驾驶舱返回到机身中部的负载中心，因而主馈电线又长又重。

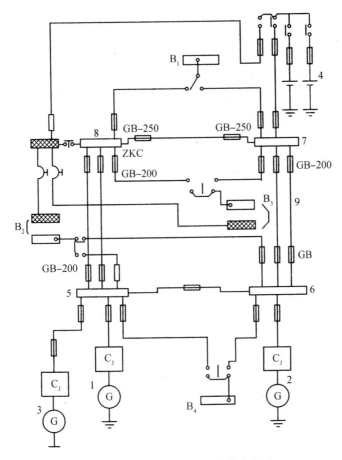

图 12-2 两台起动发电机闭式供电电网

1,2 - 起动发电机;3 - 辅助发电机;4 - 航空蓄电池;5,6 - 左右电源汇流条;7 - 驾驶舱电源汇流条;

8 - 自动开关配电盒;9 - 双路双向保护馈电线;GB - 惯性熔体。

常规配电控制系统的布局如图 12-3 所示。系统主电源将交流系统中发电机的输出功率加到一个或多个主交流电源汇流条上，再按下述方式分配电力：

(1) 通过用电设备汇流条直接向不重要的交流用电设备提供 115 V /200 V 交流电。

(2) 把电输送到交流重要用电设备汇流条和(或)应急交流电源汇流条，由它们向保证安全飞行必不可少的交流用电设备提供 115V/200V 交流电。

(3) 把电加到变压整流器上,再通过主直流电源汇流条向不重要的直流用电设备提供 28 V 直流电。

(4) 通过直流重要用电设备汇流条和(或)应急直流电源汇流条向保证安全飞行必不可少的直流用电设备提供 28V 直流电。

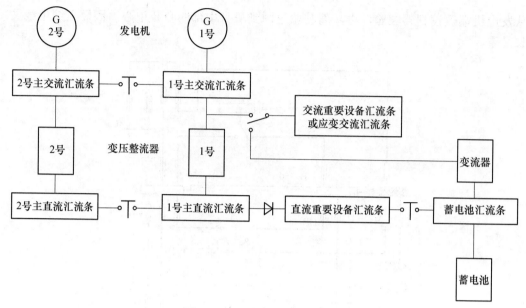

图 12-3 常规配电控制系统布局

2) 遥控配电控制

由于飞机用电量大，常规配电控制将使电缆质量大的矛盾更加突出。一般飞机驾驶舱部分的用电量只占总用电量的 25% 左右，因此一些中大型飞机采用了遥控配电控制。遥控配电控制是对不用于座舱的那部分电力进行遥控，其配电中心置于机身中部。由于主馈电线只需敷设到飞机中部，可大大减轻电网质量。图 12-4 比较了常规配电控制与遥控配电控制配电系统电网电缆线路的布局。遥控配电控制的关键配电设备是遥控断路器。

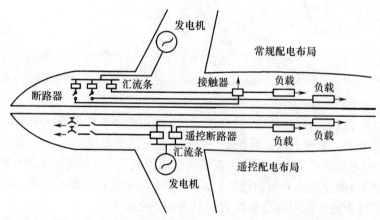

图 12-4 常规配电布局和遥控配电布局的结构示意图

3) 固态配电控制

此方法采用微处理机来实现控制和监测功能，并与计算机化的总线管理综合，实现了采用多路传输和微处理机技术的遥控配电控制，其布局如图 12-5 所示。由于采用了多路传输技术，电线长度和质量将进一步减少；由于采用微处理机来完成所要求的控制和监控功能，提高了配电系统的效率和可靠性；由于用键盘控制器和显示器取代了众多的

156

指示/控制装置，也缓和了驾驶舱控制板上设备的拥挤程度。

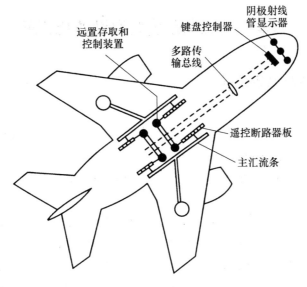

图 12-5 固态配电控制系统布局

2. 配电系统的保护

1) 对电网保护装置的基本要求

根据飞机电网工作特点，其保护装置的基本要求为：

(1) 可靠性：要求保护装置能在电网发生短路或不正常状态时，正确而可靠地工作。

(2) 选择性：电网发生故障时，保护装置只切除故障部分，保证其他网路继续正常运行。

(3) 动作快速性：保护装置切除故障动作要迅速，以防事故蔓延扩大，减轻危害程度。

(4) 准确性：保护装置保护动作发生的参数指标要与故障参数指标协调，能实现正确的保护动作，而不发生误保护、误动作。

(5) 灵活性：对保护范围内所出现的故障或不正常状态有足够的反应能力。

除此之外，还要求保护装置简单可靠，使用和维护方便。同时，在飞机工作环境条件变化时，保护装置的特性要有一定的稳定性。

2)飞机电网的保护装置

飞机电网保护装置，根据工作原理可分为两种基本类型：

(1) 最大电流保护装置。当网路中的电流超过规定值时，保护装置才动作。它又有具有延时特性和不具有延时特性(速断)两种。飞机直流电网中广泛使用的熔断器(熔体)和热断路器(双金属自动开关)都具有反延时特性，即断开或熔断的动作时间与通过的电流成反比，它们都属最大电流保护装置，用来保护馈电线和用电设备。由于熔断器和热断路器的构造简单，且工作可靠，故在飞机上得到广泛应用。

(2) 差动电流保护装置。该装置比较电网被保护部分始端和末端电流(纵向差动保护)或比较两个具有相同参数的并联线路各自的电流(横向差动保护)，差值超过规定数值时，保护装置立即动作，没有延时。差动电流保护装置主要用于飞机交流电网，尽管这类保

157

护装置反应迅速，但由于结构复杂、质量大等原因，在直流电网中没能得到实际应用。

12.2 输配电系统典型设备及原理

12.2.1 导线及电连接器

1. 导线

导线是用来输送电能的。飞机导线按耐压高低可分为低压导线和高压导线两种。用于交流 250V 以下或直流 500V 以下的线路中的导线称为低压导线；用于高压电路，电压高达几千伏、几万伏(飞机上的点火电路)中的导线称为高压导线。

1) 低压导线

我国歼击机、强击机上所用的低压导线，常用的有 FVL、FVLP、FFBL 和 FFBLP 等四种。FVL 型为聚氯乙烯绝缘棉纱编织蜡克线，如图 12-6 所示，它是普通常温导线，工作温度为-60℃～+80℃。FFBL 型为聚四氟乙烯塑料绝缘线，它是耐高温导线，其工作温度为-60℃～+200℃，适用于发动机周围的线路。FVLP 型和 FFBLP 型导线分别同 FVL 型和 FFBL 型导线相比，仅仅是外部多了一层防波套，用于需要防止无线电干扰的电路中。

镀锡铜芯线　　塑料绝缘层　　棉纱编织层

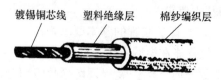

图 12-6　FVL 型导线

2) 高压导线

高压导线为 FGF 型，它的绝缘层和保护套材料与 FFBL 型低压导线相同，仅聚四氟乙烯塑料绝缘层较厚，因此耐压高。

2. 电连接器

为了拆装方便，导线和电缆在通过需要拆装的地方，都有专门的连接设备。对连接设备的基本要求是：拆装方便、接触可靠、拆装时导线不容易发生错乱和搭接。飞机所用的导线连接设备主要是插销(又称插头座)。下面着重研究具有一定代表性的 PD 型普通圆形低压非密封插销。

1) PD 型普通圆形低压非密封插销

它由插头与插座组成，插头与插座可以分合，靠内部的插钉、插孔导电。

(1) 插头。分解开的插头如图 12-7 所示。插头里面装插孔，插孔的一头分劈为两瓣，两瓣之间有一定的弹性，能保证插孔与插钉之间有一定的接触压力。每个插头的插孔不等，最少的只有两个，其型号是 PD-2T；最多的有 23 个，其型号是 PD-23T。型号后的数字表示插孔数，"T"表示是插头。为了使插孔之间彼此绝缘，插孔对号入座地装在胶木座内(插孔后面连着的导线和胶木座上的每个孔边上均有号码)，然后装入外壳。为了防止插孔后退，在插孔后段用梳形胶木卡卡住每一个插孔的颈部，然后用钢纸圈顶住胶木卡，再用有反螺纹的防退螺帽抵住钢纸圈，防退螺帽则拧在外壳上。为了使安装结合时不发生错乱，在胶木座、胶木卡上有凹下的槽口，在外壳内有凸起的销，安装时必须注意对准。

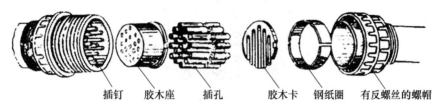

插钉　胶木座　插孔　　　胶木卡　钢纸圈　有反螺丝的螺帽

图 12-7　PD 型普通圆形低压连接插销

(2) 插座。插座里面有插钉，防止插钉后退的装置与插头部分相似，插座的型号为 PD-2A、PD-3A、……、PD-23A 等，型号后的数字表示插钉数。插头与插座结合在一起，其总型号为 PD-2A/T、……、PD-23A/T 等。

插头与插座结合后，靠中间的连接螺帽将它们固定在一起。飞机上这种插销很多，为了工作方便，每个插销都编有号码，号码印在插销后面电缆的胶布套上，例如 P-32 表示第 32 号插销。

2) PD 型普通圆形低压密封插销。

用来连接座舱内外的电缆，保持增压座舱的密封。它由左插头、密封插座和右插头三部分组成。它的插座两头都有插钉，插钉嵌在胶木座里。每个插钉与胶木座都是密封的。密封插销也有许多种，以 23 孔为例，其型号为 PD-23M，插头分为左、右两个，左为 PD-23U，右是 PD-23T，插头座型号为 PD-23M/U。

12.2.2　电路控制元件

电路控制设备是用来控制电路接通和断开的电气设备。本节的主要任务是研究有触头的控制设备。对有触头的控制设备的基本要求是：触头的通断要迅速，接触要良好。

1. 手动控制设备

手动控制设备有开关和按钮。

1) 开关

开关，又称电门，一般用于电流在 35A 以下的电路中。各型开关的基本结构和动作原理相同。如图 12-8 所示，开关一般由手柄、弹簧、活动触头、固定触头和接线钉组成。当扳动手柄时，手柄内的弹簧被压缩，当手柄扳过中间位置时，在弹簧的作用下，活动触头便迅速地动作，转换(断开一条、接通另一条)电路，弹簧的弹力作用在触头上，可以形成一定的接触压力，保证接触良好。

2) 按钮

按钮用在短时接通的电路中，常用的有 AN-1A、AN-2A 和 AN-3A 三种，它们的特点和性能如表 12-1 所示。

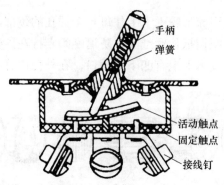

图 12-8　单极转换开关

表 12-1　AN 系列按钮特点和性能

型　　别	AN-1A	AN-2A	AN-3A
特　　点	有两个固定触头	有三个固定触头	有三个固定触头，有钢球弹簧机构
额定电压/V	28	28	28
额定电流/A	6	20	20
应用举例	放伞、防冰	减速板、抛伞	灭火按钮

2. 机械控制设备

机械控制设备是利用飞机上的活动机件来自动地操纵微动电门的转换，达到控制电路通断的目的。

1) WK 型和 DK 型微动开关及构造

WK 系列和 DK 系列微动开关有多种规格，但它们的工作原理相同，构造基本一致，现以 WK4-1 型为例加以说明。

WK4-1 型微动开关的构造如图 12-9(a)所示。它由顶杆、固定在顶杆上的钳形弹簧、恢复弹簧、支撑在钳形弹簧上带有活动触头的弹簧片、固定触头和外壳等组成。动作原理如图 12-9(b)所示。当按压顶杆时，钳形弹簧就带动弹簧片的支撑端下移，当支撑端移到两活动触头受力点连线以下的位置时，垂直分力 F_1 就改变方向，指向上方，使活动触头迅速地由下面位置跳到上面位置，断开下面一对固定触头(常闭触头)，连通上面的一对固定触头(常开触头)。去掉外力后，顶杆在恢复弹簧的作用下，便回到原先的位置，微动开关的触头又恢复原来的状态。

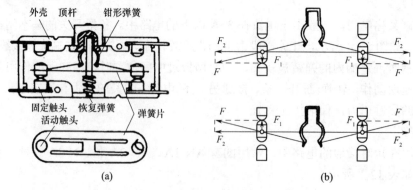

(a)　　　　　　　　　　　　　　(b)

图 12-9　WK4-1 型微动开关的构造及动作原理

160

2) AK 型微动开关

AK 型微动开关是一种工作压力较大的开关，一般适用于传动机械压力较大的地方。由于工作压力较大，开关的体积也就比 WK 型要大。AK 型微动开关的结构和动作原理如图 12-10 所示。

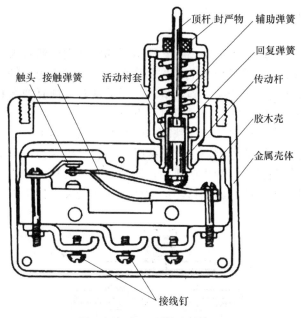

图 12-10　AK 型微动开关

3) QLK-1 型终点开关

QLK-1 型终点开关的结构如图 12-11 所示，其主要组成部分包括：WK3-5 型微动开关、传动杆、恢复弹簧、压环、压臂和压簧组成的特殊传动装置，以及壳体、接线板、密封胶套、胶垫等。当外力向右压传动杆时，恢复弹簧被压缩，同时压环向右移动，将压臂顶起。压臂向上移动时，便压下微动开关的按钮，使活动触点与常开触点接通，电路便被转换。去掉外力后，在恢复弹簧的作用下，微动开关恢复原来状态。

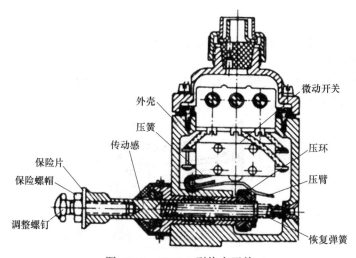

图 12-11　QLK-1 型终点开关

QLK-1 型终点开关的传动杆上有调整螺钉。松开保险螺帽，转动调整螺钉可以改变传动杆的长度，反时针拧，长度增加；反之，则缩短。

3. 电磁控制设备

电磁控制设备主要由接触器和继电器两大类组成，是远距离控制电路通断和电气自动化装置中一种不可缺少的基本元件。

1) 接触器

电磁接触器是一种适用于远距离频繁地接通和断开主电路及大容量用电设备的自动控制装置。图 12-12 是直流接触器的结构示意图，它主要由电磁铁和接触装置两大部分组成。电磁铁为吸入式，由线圈、固定铁芯、活动铁芯、恢复弹簧和导磁壳体等组成；接触装置由固定触头、活动触头和缓冲弹簧组成。

当电磁铁线圈没有通电时，活动铁芯在恢复弹簧的作用下处于图中所示位置，触头是断开的。当电磁铁线圈通电时，产生电磁吸力，在电磁吸力作用下，活动铁芯克服弹簧反力向下运动，触头接通，触头接通后，活动铁芯继续移动一段距离，使缓冲弹簧压缩给触头提供接触压力。线圈断电后，活动铁芯在弹簧反力作用下回到原来位置，使触头断开。

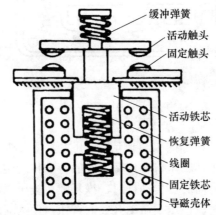

图 12-12　接触器的组成示意图

2) 继电器

继电器是用在电流较小的电路中的电磁控制装置。

(1) 摇臂式继电器。

摇臂式继电器的基本结构如图 12-13 所示。它的电磁铁的活动部分，是一块可以转动的平板衔铁，衔铁的支点在骨架(即轭铁)上。

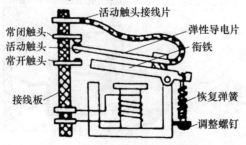

图 12-13　摇臂式继电器的基本结构

162

在线圈未通电时，恢复弹簧的弹力使活动触头与常闭触头接通，并使弹性导电片(即缓冲弹簧)变形，以给常闭触头提供一定的接触压力。线圈通电以后，当两端电压达到其吸合电压值时，电磁力便大于弹簧力，衔铁就绕支点转动，使活动触头离开常闭触头，与常开触头接通。活动触头与常开触头接触后，衔铁可继续移动一小段距离，使活动触头上的弹性导电片变形，以给常开触头提供一定的接触压力。在使用维护中，切不可任意弯曲弹性导电片或移动接线板的位置，以免触头的接触压力发生变化。

(2) 极化继电器。

极化继电器是电磁继电器的一种特殊形态。它除了工作线圈外，还有永久磁铁。它的最大特点是衔铁动作具有方向性，能够反映输入信号极性的变化，如图 12-14 所示。

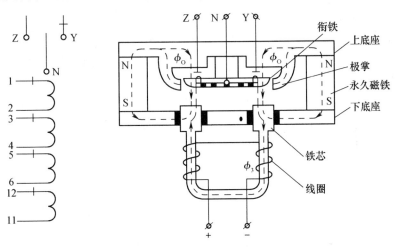

图 12-14　JHA-1A 型极化继电器的原理磁路

3) 延时继电器

在一些特殊的场合，要求继电器具有一定的吸合延迟和释放延迟时间，这种具有延时特性的继电器称为延时继电器。根据延时原理不同，可分为电气延时继电器、机械延时继电器、电热延时继电器等。

12.2.3　电路保护元件

目前，飞机上采用的保护装置主要是保险丝和双金属自动保险电门两种。

1. 保险丝

飞机上使用的保险丝，按熔化的难易和动作时间的长短，可分为易熔、难熔和惯性保险丝三种。

1) TB 型易熔保险丝

TB 型保险丝有 1A～40A 的 9 种。额定电流为 5 A 以下的，熔丝为铜丝；5A～10A 的为银丝；15A～40A 的为锌片。熔丝装在两头有金属套的玻璃管内，整个保险丝又装在保险丝座内，保险丝如图 12-15(a)所示，保险丝座如图 12-15(b)所示。

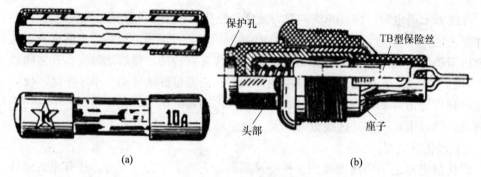

图 12-15　TB 型保险丝

2) NB 型难熔保险丝

常用的 NB 型保险丝有额定电流为 200 A 和 400 A 的两种，它们的动作时间较长，主要应用在电源的主干线上。它们的熔体是用铜片制成。为了降低熔片的熔点，并且使熔片的惯性符合要求，在熔片中段焊有锡。在熔断过程中，在较低的温度下锡就熔解，锡与铜组成液态合金，这种合金具有较大的电阻，使发热量增加，从而可以使铜熔片比较迅速地熔断。熔片的四周包有石棉水泥，它的主要作用是熄灭电弧。NB 型难熔保险丝如图 12-16 所示。

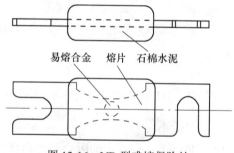

图 12-16　NB 型难熔保险丝

3) GB 型惯性保险丝

GB 型熔断器在过载时，需较长时间才熔断，而在短路时，又能很快地熔断。

这种熔断器在结构上包括两大部分，即短路保护部分和过载保护部分，如图 12-17 所示。短路保护部分的熔化材料是黄铜熔片，它装在纤维管的左隔腔内，被熄弧用的石膏粉或磷灰石粉包围，黄铜熔片熔断电流比额定电流大得多，它只在短路或过载电流很大时才能熔断。

2. 自动保险电门

自动保险电门又称自动保护开关，它是利用双金属片发热变形的原理，在电路发生短路或过载时，自动地将电门断开。飞机上用的自动保险电门有 ZKC 型和 ZKP 型两种。

自动保护开关的惯性小于 GB 型保险丝而大于 TB 型保险丝。当过载电流为额定电流的 2 倍时，它的动作延迟时间约为几十秒，适用于保护过载能力较大的用电设备的电路。

164

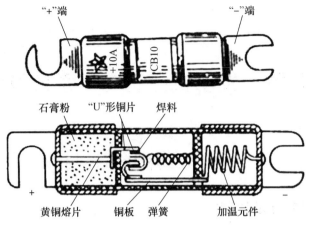

图 12-17　GB 型惯性保险丝的外形和结构示意图

复习思考题

1. 简述配电方式的分类及其各自特点。
2. 简述供电电网的形式及其各自特点。
3. 试述导线的分类及其应用。
4. 简述继电器的工作原理。
5. 电路保护设备的作用是什么？飞机上采用的两种电路保护设备各有什么特点？

第 13 章　发动机控制电气系统及设备

13.1　发动机电气控制

13.1.1　发动机起动控制

1. 发动机起动过程

发动机未工作时处于静止状态，把发动机转子由静止状态加速到慢车转速状态，称为发动机的起动，这个加速的过程就称为发动机的起动过程。

发动机起动过程一般分为三个阶段，如图 13-1 所示。

第一阶段，发动机刚刚起动时，燃烧室未工作，涡轮未发出功率。起动动力装置产生起动功率 P_q，克服发动机产生的负载 P_f，单独带动发动机加速到转速 n_1。

第二阶段，发动机转速 $n > n_1$ 后，涡轮开始发出功率，P_q 和涡轮功率 P_w 共同使发动机进一步加速至独立工作转速 n_d。

发动机转速在 $n_2 < n < n_d$ 时，虽然单靠涡轮也能带动发动机加速，但此时 P_w 较小，发动机转速上升至慢车转速 n_m 所需的时间很长，这样不仅影响飞机的起飞速度，而且由于发动机长时间工作在高温状态下而易被烧坏。

当 $n = n_d$ 时，发动机具备了单独加速的能力，起动动力装置可退出工作。

第三阶段，发动机涡轮功率较大，由其单独使发动机转子加速，直至达到慢车转速，这时起动过程结束。

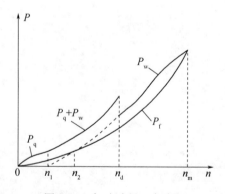

图 13-1　起动过程三个阶段

2. 发动机起动方式

不同喷气发动机的功率不同，具体的起动方式也不尽相同，根据起动带转方式的不同，大致可分为直接起动和间接起动两种方式。

1) 直接起动

发动机起动的动力源有电力和其他外力，通过动力源直接带转发动机转子的起动都称为直接起动，用起动电动机起动称为电气(力)起动。

早期的喷气发动机，由于所需的起动功率较小，多使用电力起动机直接带转发动机转子，这种起动模式称为电力直接起动。电力直接起动使用的直流电动机或工作在电动机状态的起动发电机，统称为起动电机。其基本要求都是：起动电机必须在规定的时间内使发动机达到独立工作转速。在实际应用中，大多采用以时间控制为主、转速和电流控制为辅的原则。

2) 发动机间接起动

大功率发动机(如大功率的涡扇喷气发动机)一般采取间接起动的方法，即用某种动力装置来起动主发动机(也称大发动机)。

采用间接起动模式的一般分两步进行，所以这种起动模式又叫二次起动模式。第一步，先用电力起动机(或称起动电动机)直接起动某种动力装置，使其可以独立工作，产生(与一般电力起动机相比)较大的功率。第二步，将已工作的该种动力装置产生的动力作为二次能源，再起动带转飞机主发动机。

3. 发动机起动控制完成的任务

根据发动机起动的目的和要求不同，发动机起动控制完成的任务也不同：

1) 地面起动和空中起动控制

地面起动就是平常意义的"起动"，即把发动机转子由静止状态加速到慢车转速状态的过程，地面起动是飞机起飞前的必要工作。其控制特点是不仅需要控制带转发动机转子，还需要控制燃烧室的供油、点火或补氧等装置。空中起动，又称"空中点火"，即发动机空中停车(即熄火)后，将混合气重新点燃，使发动机恢复正常运转的起动。

2) 冷开车控制

冷开车也叫"冷转"，主要用于冷却发动机、检查电气系统及吹除燃烧室内的积油或余火等。冷开车控制只需控制带转发动机转子，而不需向燃烧室供油、点火。

3) 油封(启封)起动控制

油封起动是用滑油对发动机内部进行油封时所进行的起动。油封(启封)起动控制只控制带转发动机转子并且向燃烧室喷油，但不进行点火，所以又叫"假起动"。

13.1.2　发动机状态控制

1. 发动机工作状态

所谓发动机工作状态(简称发动机状态)就是航空发动机在不同推力(或功率)下运转的状态。为了适应不同的飞行要求，并正确使用航空发动机，各发动机制造厂根据发动机推力(或功率)或转速的大小，规定了几种常用的基本工作状态："慢车"、"额定"(节流)、"最大"和"加力"状态，带加力的燃气涡轮发动机还有全加力状态、部分加力状态和最小加力状态等。

在使用中，发动机从一个工作状态转变到另外一个工作状态，一般通过操纵油门杆或控制按钮实现，同时其尾部喷口截面积也要发生相应的变化，以改变推力或涡轮前燃气温度。

2. 发动机状态控制的目的

发动机状态控制，就是根据工作条件的变化或使用的需要，保持发动机的工作状态，或按照一定的规律来改变其工作状态。其目的是：

(1) 保证发动机在各状态设计点工作，具有良好的性能。

(2) 保证各种飞行状态对发动机不同推力和耗油率要求。

(3) 保证发动机过渡状态如起动、加速、减速、加力接通和切断的调节时间尽量短，而且稳定可靠。

(4) 保证发动机在整个飞行包线范围内的任何平衡或不平衡状态下不出现超转、超温、超功率、失速、喘振及熄火等现象。

13.2 发动机控制典型设备及原理

发动机起动前，燃烧室内未燃烧，转子未转动。燃烧室进行燃烧的条件是：足够的压缩空气、适量的燃料、足以点燃燃料空气混合气的火源。因此，起动时要用起动动力装置带转发动机转子和压气机工作，使压缩空气进入燃烧室；还需要供油装置向发动机提供燃料，再与空气混合成燃气混合气；由起动点火装置点燃混合气。为保证整个起动过程能按照一定程序安全、顺利地进行，还应设置起动程序控制装置和保护装置。这些装置组成了发动机的起动系统，共同完成发动机的起动。其中完成起动电气控制任务的部分称为发动机起动电气系统，一般在发动机转速达到独立工作转速时结束工作。

发动机工作状态电气控制系统就是用来配合油门杆操纵发动机各种工作状态的转换。发动机能否正常工作与发动机工作状态电气控制系统各机件的状况紧密相关。发动机工作状态电气控制系统主要由喷口收放控制装置、加力预燃与供油装置、状态控制装置等部分构成。

13.2.1 起动电点火装置

1. 起动点火电嘴

目前我军飞机上使用的电嘴主要是电蚀电嘴和高压火花电嘴。

1) SDZ-2 型电蚀电嘴

歼-7B 型飞机发动机使用 SDZ-2 型电蚀电嘴。SDZ-2 型电蚀电嘴的构造如图 13-2(a) 所示。壳体由耐热不锈钢制成，中心电极和侧电极由银制成，电极之间的绝缘体由矾土陶质材料制成。在电嘴端部，两电极和绝缘体平齐都呈圆环状，绝缘体的光滑表面喷附了一层银粒子。

2) DZ-3 型高压火花电嘴

高压火花电嘴的基本结构如图 13-2(b)所示。它主要由金属电极和耐高压的陶瓷绝缘体组成，两电极之间是空气隙。当电极加上足够高的电压时，极间空气电离，击穿放电，形成火花。高压火花电嘴的击穿电压较高，在 5000 V 以上。

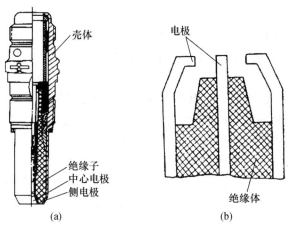

图 13-2　SDZ-2 型电蚀电嘴和 DZ-3 型高压火花电嘴结构示意图

2. 起动点火线圈

1) 基本工作原理

点火线圈是应用互感应原理将飞机上的直流电能转换为高压脉冲电能供给电嘴，使电嘴产生火花放电。

点火线圈主要由匝数较少的初级线圈、匝数很多的次级线圈和一个断电器组成。初级线圈与断电器的触头串联，接在低压直流电源上；次级线圈则与电嘴相连，电容器 C_1 并联于断电器触头上，其原理电路如图 13-3 所示。断电器的活动触头和衔铁都固定在弹簧片上。不通电时，在弹簧片的作用下，活动触头与固定触头相通，处于闭合状态，电容器 C_1 被短接。按下按钮，接通电源时，初级线圈中有电流通过，对断电器的衔铁产生电磁吸力。随着电流的增长，电磁吸力越来越大。当电流增大到一定值时，电磁吸力便大于弹簧片的弹力，衔铁与弹簧被吸向铁芯，使断电器触头分开。这时的初级电流值称为点火线圈的断开电流，以 I_d 表示。触头分开后，电流迅速减小到零，磁通也随之迅速消失。由于磁通的迅速变化，匝数很多的次级线圈中便产生很高的互感电动势，一般可达 10000 多伏。此高电压加在电嘴上，就可将电嘴电极间的气隙击穿，产生火花。

断电器触头断开后，由于电流的消失，作用于衔铁上的电磁吸力也随之消失，衔铁在弹簧力的作用下恢复原位，触头重新接通，初级线圈再次有电流通过，上述过程又重新出现。如此重复，断电器触头每秒钟一般通断 300 次～800 次，于是在电极间就会产生连续的火花，直到按钮断开为止。

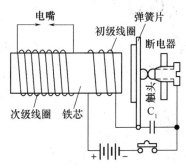

图 13-3　点火线圈工作原理示意图

2) DHQ-16 型点火线圈

歼-7B 型飞机发动机上安装的是 DHQ-16 型点火线圈。DHQ-16 型点火线圈由壳体、盖子、感应线圈、两个断电器和三个电容器等组成，如图 13-4 所示。盖子焊接在壳体上，因此不需要进行修理。

DHQ-16 型点火线圈有两个断电器，两个断电器是串联工作的，并且两个断电器衔铁弹簧片的弹力是不相等的。两个断电器串联工作的好处是：如果衔铁弹簧片弹力小的断电器触头发生粘结故障，活动触头与固定触头不能分开，则另一个衔铁弹簧片弹力较大的断电器可以代替其工作，因而增加了点火线圈工作的可靠性。DHQ-16 型点火线圈采用了密封充惰性气体结构，改善了断电器触头的工作条件，使断电器触头火花减弱；另外，减小了因高空空气稀薄，造成点火线圈次级电路漏电的可能性，使点火线圈的高空性能得到了提高。

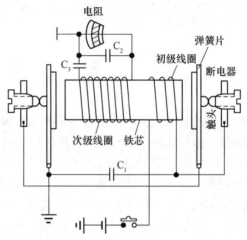

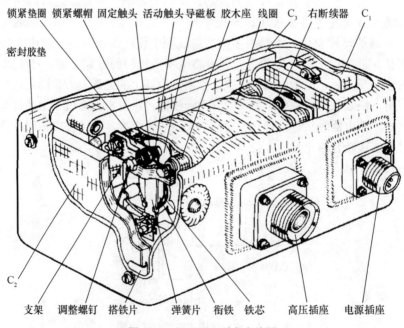

图 13-4　DHQ-16 型点火线圈

13.2.2 起动程序控制装置

发动机的起动,开始要求起动机的转矩要小一些,能够柔和地无撞击地将发动机转子从静止状态带动起来,以免撞坏传动附件;当发动机转子转动起来以后,则又要求起动机转矩能适时地分级增大,以便在较短的时间内使发动机转速达到独立工作的转速。因此,起动电气控制系统中设置了程序控制装置。

发动机起动控制一般采用以时间控制为主、转速控制为辅的综合控制方式。对起动机按时间程序实施自动控制,进行分级起动,按转速程序或按时间程序控制的方式结束起动过程。

1. 起动机的程序控制原理

起动机程序控制的基本原理是按照一定的时间程序,分级改变起动机的端电压和励磁磁通,使起动机的转矩按照发动机起动的要求分级增大。起动机程序控制的原理电路如图 13-5 所示,起动时电流和电压的变化曲线如图 13-6 所示。

第一级起动:在起动过程进行到 t_1 时刻,接触器 M_A 和继电器 J_A 吸合,起动机以复励状态、电枢串联起动降压电阻工作。两组电源并联供电,电枢两端的电压较低(只有几伏),电枢电流较小,起动机转矩较小,起动机能柔和地通过传动装置带动发动机转子转动,进入第一级起动。

第二级起动:在起动过程进行到 t_2 时刻,接触器 M_B 吸合,将起动降压电阻短接,起动机两端电压升高,起动机电流增大,起动机转矩增大,带动发动机转子加速旋转,进入第二级起动。

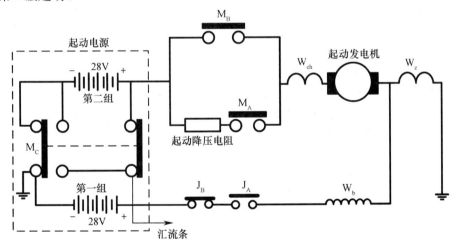

图 13-5　起动机程序控制原理电路

第三级起动:在起动过程进行到 t_3 时刻,接触器 M_C 转换,常闭触头断开,常开触头接通,使两组电源串联向起动机供电,起动机两端电压升高,起动机转矩又一次增大,带动发动机转子进一步加速旋转,进入第三级起动。

第四级起动:在起动过程进行到 t_4 时刻,继电器 J_B 工作,其常闭触头断开,起动机并励线圈电路断开,起动机转为串励状态工作。由于磁通减小,引起电枢电流增加较多,使起动机的转矩再次增大,带动发动机转子再次加速旋转,直至结束起动机状态。

171

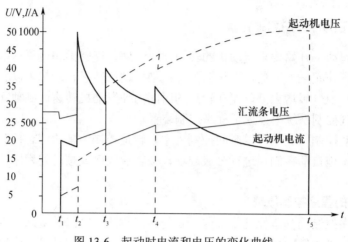

图 13-6　起动时电流和电压的变化曲线

汇流条电压就是飞机上电压表指示的电压，在第三级起动以前为两组电源并联向汇流条供电的电压，在第三级起动以后，为第一组电源单独向汇流条供电的电压。每级起动后电流的下降，是由于起动发电机转速上升，反电势增加造成的。在每级起动开始，电枢电流急剧增大瞬间，电源内压降增大，所以汇流条电压降低，随后，由于电枢电流的减小，电源内压降的减小，汇流条电压又逐渐升高。根据起动过程中飞机上电压表所指示的汇流条电压会按时间程序有四次明显的摆动，因此，通过观察电压表指针的摆动情况，可以判断起动机的四级起动是否正常。

2. 定时机构

目前，采用电动机械型的时间程序控制装置，即定时机构，来实现起动机乃至整个起动过程的时间程序控制。

1) 定时机构的组成

定时机构的基本组成包括恒速电动机、减速器、凸轮及微动开关，如图 13-7 所示。基本原理是恒速电动机经过减速器来带动凸轮转动，利用凹槽长度不等的几个凸轮，控制几个微动开关的转换时间，以实现起动过程的时间程序控制。

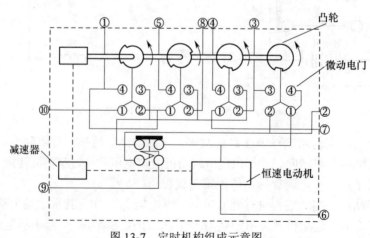

图 13-7　定时机构组成示意图

172

2) DS-5A 型定时机构

歼-7B 型飞机采用 DS-5A 型定时机构, 它由 HZD-2 型恒速电动机、减速器、七个凸轮、七个 BK1-2 型微动开关, 三个继电器和电缆插头等组成, 如图 13-8 所示。

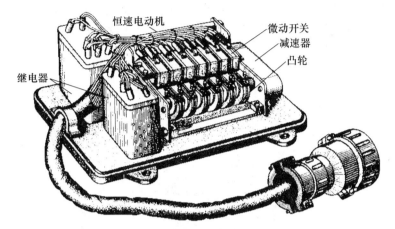

图 13-8　DS-5A 型定时机构构造示意图

凸轮由恒速电动机经过减速器(总减速比为 5467:1)带动旋转, 按照规定的时间分别控制着七个微动开关的通断, 以实现对起动系统电路的控制。

3. 起动箱

1) QDX-5 型起动箱

歼-7B 型飞机采用 QDX-5 型起动箱, 它是一个配合定时机构和转速控制盒工作的继电器箱, 故又称起动继电器盒, 箱内装有 19 个继电器和两个电阻, 其结构如图 13-9 所示。

电阻 R_1 为起动机并励线圈电路的降压电阻, 电阻值为 $0.3\Omega \pm 0.03\Omega$, 工作电流不大于 18A, 工作状态为短时重复。电阻 R_2 为串联在 JY-2 型电压继电器工作线圈电路中的降压电阻, 电压继电器工作线圈和降压电阻两端的电压为 26.5V～29.5V 时, 继电器吸动。

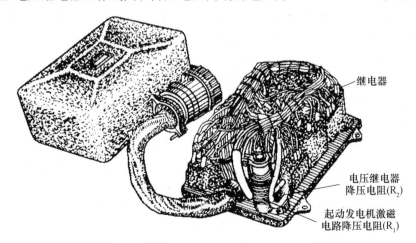

图 13-9　QDX-5 型起动箱构造示意图

2) QDX-12D-1 型起动箱

强-5D 型飞机采用 QDX-12D-1 型起动箱，其构造如图 13-10 所示。起动箱内装有 DS-15C 型定时机构、两个起动降压电阻、两个 12Ω 的励磁降压电阻、四个接触器和 11 个继电器。两个起动降压电阻有一个共同的引出端，单个电阻值为 $0.2\Omega\sim0.25\Omega$。起动降压电阻安装在定时机构下面。大接线柱"＋"接电源；"ZQD"和"YQD"分别接左、右起动发电机；小接线柱"－"接负极搭铁线。

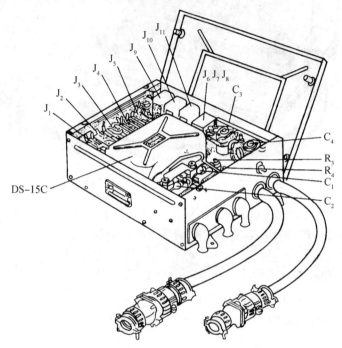

图 13-10　QDX-12D-1 型起动箱构造示意图

4. 转速控制盒

歼-7B 型飞机上安装有 CZH-1 型转速控制盒，用来按规定的发动机高压转子转速程序，控制发动机起动系统和发动机工作状态系统电路的工作。转速控制盒装在加力燃料泵上，由泵内的高压转子最大转速限制器的输出轴带动工作。

CZH-1 型转速控制盒内装有四个 DK3 型微动开关和凸轮机构，如图 13-11 所示。转速控制盒的凸轮轴转动角度与高压转子的转速相对应，所以转速控制盒内的微动开关就可以根据高压转子的转速来控制电路。

四个微动开关的图号、工作转速和功用如下：

"TQ" 开关——$n_2 \geqslant 32^{+2}_{-1}$ ％时压通。用来控制起动机电路的断开。

"QD" 开关——$n_2 \geqslant (48\pm2)$％时压断。当 $n_2 \geqslant (48\pm2)$％时，使起动点火线圈、起动点火信号灯和补油电磁阀等停止工作，结束起动过程。

"XK" 开关——$n_2 \geqslant 66^{+2}_{-1}$ ％时压通。控制发动机喷口收放电路，使喷口处于最小直径位置。

"DK" 开关——$n_2 \leqslant 60^{+2}_{-1}$ ％时断开。控制发动机喷口收放电路，使喷口处于最大直径位置。

174

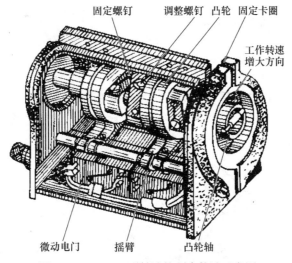

图 13-11　CZH-1 型转速控制盒构造示意图

5. 起动接触器盒

歼-7B 型飞机上安装有起动接触器盒(即第 3 号接触器盒),它用来控制起动机的电枢电路。盒内装有两个 MZJ-400A 型接触器(图号为 37Y 和 38Y)和一个 0.05Ω 的起动电阻,其结构如图 13-12 所示。

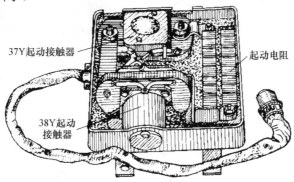

图 13-12　起动接触器盒构造示意图

6. 发动机油封盒

歼-7B 型飞机上安装有发动机油封盒,用于发动机油封(启封)起动时转换起动电路。盒上装有发动机油封电门、回油电磁阀油封电门、补氧检查电门、三个保险丝和一个 JKB-52 继电器,其结构如图 13-13 所示。

图 13-13　油封盒

13.2.3 状态控制装置

1. 控制盒

1) CZH-4E 型加力操纵盒

歼-7B 型飞机发动机状态系统使用的是 CZH-4E 型加力操纵盒。加力操纵盒用来根据油门杆的位置，操纵加力的接通和断开。加力操纵盒、油门传感电位计和喷口调整电阻盒装在一起，称为油门传感操纵盒，如图 13-14 所示。

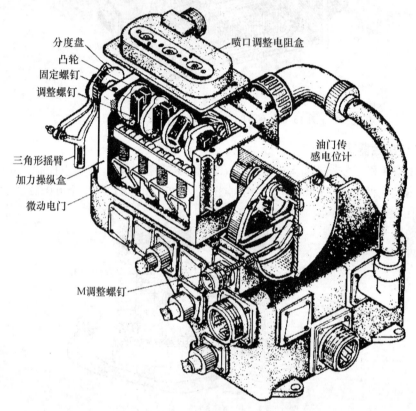

图 13-14　油门传感操纵盒

2) CZH-7 型转速控制盒

歼-7 型飞机发动机状态系统使用了 CZH-7 型转速控制盒。CZH-7 型转速控制盒用于按发动机高压转子转速控制发动机起动系统和工作状态系统的工作。转速控制盒内的六个微动开关，除"TQ"和"QD"两个微动开关用于起动系统外，其余四个微动开关：在歼-7B 型飞机发动机状态系统中使用了"XK"、"DK"和"XB"三个，"JL"微动开关未用；在歼-7G 型飞机发动机状态系统中这四个微动开关都已使用。

2. 继电器盒

1) JLX-2C 型加力箱

歼-7 型飞机发动机状态系统使用 JLX-2C 型加力箱，用来配合其他控制设备，可靠地控制加力的进入和退出。盒内装有 15 个继电器，分别控制喷口随动装置、加力预燃与供油装置的工作，以及实现进入加力时供油和放喷口的延时控制。JLX-2C 型加力箱

176

如图 13-15 所示。

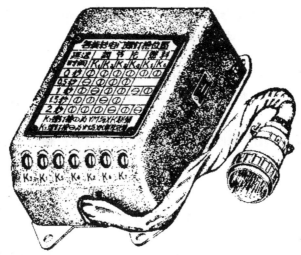

图 13-15　JLX-2C 加力箱

JLX-2C 加力箱的斜面内装有七个转动电门，外部有相应的螺钉槽。当螺钉槽处于垂直位置时断开电路，处于水平位置时接通电路。每个电门均有符号代表，其中"K1"、"K2"、"K3"、"K4"用于选择放喷口延时，"K5"和"K6"用以选择供油延时，"K7"专备在地面进行检查时使用，用以短接"YM"和"XK"电门。

2) JLX-1 型加力箱

强-5D 型飞机发动机状态系统使用 JLX-1 型加力箱。JLX-1 型加力箱内装有 14 个继电器，其中继电器 J_1、J_2、J_3、J_4、J_5 和 J_6 为 JKB-53A 型，继电器 J_7、J_8、J_9、J_{10}、J_{13} 和 J_{14} 为 JKB-52A 型，继电器 J_{11} 和 J_{12} 为 JSA-1 型延时继电器。

3. 联锁装置

联锁装置主要用来保证发动机在具备一定条件时才进入"最大"或"加力"状态。歼-7B、G 型飞机状态系统中的联锁装置主要是转速联锁装置，强-5D 型飞机状态系统中的联锁装置包括转速联锁装置、放气带联锁装置、压差联锁装置和液压联锁装置等。

1) 转速联锁装置

歼-7B 型飞机的发动机转速联锁装置是液压延迟器微动电门(又称 YM 电门)，其功用是：只有当发动机转速较高，液压延迟器活塞杆移动到相当于 $n_1=(98\pm1)$% 位置以上时，电门接通加力电路，才能使加力燃烧室内喷油点火，以保证加力的可靠进入和防止引起压缩器喘振，即起转速联锁的作用。当液压延迟器微动电门的接通转速不符合规定时，可拧动调整螺钉进行调整。顺时针拧调整螺钉，液压延迟器电门的接通转速降低；反时针拧，则接通转速升高。

2) 放气带联锁装置

放气带联锁装置主要用来保证在放气带打开的情况下，不使发动机进入或保持"最大"和"加力"状态。放气带开关装在状态控制盒内，它由传动杆、弹簧、凸杆、导向杆、带弹簧的压臂和 AK 型微动开关等组成。

3) 压力差联锁装置

压力差联锁装置用来控制喷口收放的时机，以使喷口的收放与加力燃烧室的工作相适应。它由 XY0.2 型压差传感器和继电器 J5(或 J6)组成。压差传感器感受的信号是加力输油圈内的燃料压力与加力燃烧室内的燃气压力之差。

4) 液压联锁装置

在接通"加力"的过程中，如果在 0.2s～0.9s 时间内放喷口管路内的液压仍达不到 8.34 MPa(85 kgf/cm^2)，致使喷口不能放大时，液压联锁装置将自动切断加力预燃电路，使发动机加力燃烧室不能投入工作，以防发动机发生喘振。液压联锁装置由 YYF-4E 型液压开关、继电器 J$_7$(或 J$_8$)和延时继电器 J$_{11}$(或 J$_{12}$)等组成。液压开关连接在喷口收放动作筒的 1 号管路上。

复习思考题

1. 根据起动带转方式的不同，简述发动机的两种起动方式的工作特点。
2. 发动机起动控制可以完成哪些任务？
3. 为什么要对发动机工作状态进行控制？
4. 简要说明定时机构的定时原理。
5. 简要说明点火电嘴的构造及工作原理。
6. 简要说明起动机的程序控制原理。

第 14 章　飞机机电控制电气设备

14.1　电磁阀及电动活门

14.1.1　电磁阀

电磁阀用在气路或液路上，利用电磁力开启或关闭阀门控制管路通断。电磁阀的结构和种类非常多，但是动作原理都基本一样。下面通过几种典型电磁阀进行介绍说明。

1. YDF-12 型液压电磁阀

歼-7 型飞机上采用 YDF-12 型液压电磁阀来控制三个起落架的收放油路。液压电磁阀的工作原理如图 14-1 所示。液压电磁阀由电磁铁和液压阀两大部分组成。它有左和右两个电磁铁，共三根引出线，其中 1 号线为负，2、3 号线分别为左、右电磁铁的引出线，接电源正。

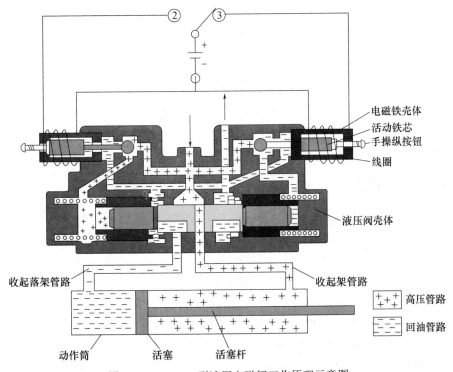

图 14-1　YFD-12 型液压电磁阀工作原理示意图

当 3 号线来电时，右电磁铁通电，推动钢珠活门切断配油柱塞右腔同高压管路的通路，同时使右腔与低压回油管路相通，右腔压力下降，而此时左电磁铁因未通电，高压油可经左钢珠活门通到配油柱塞左腔，于是配油柱塞在左腔液压油高压作用下右移，接通高压来油同收起落架的管路，迫使动作筒活塞杆内收，将起落架收起。

当 2 号线来电时，则左电磁铁通电，配油柱塞左移，接通高压来油路同放起落架管路的通路，迫使动作筒活塞杆外伸，将起落架放下。

两电磁铁均不通电时，配油柱塞左、右腔均与高压管路相通，柱塞两边压力相等，柱塞在弹簧作用下停在中间位置，收和放起落架的管路都与高压来油路不通，起落架即停于原来的位置。

2. RDF-4C 型通气电磁阀

RDF-4C 型通气电磁阀用于压力加油时排放副油箱内的气体。它由电磁铁、衔铁、底座、弹簧和活门组成，如图 14-2 所示。其入口接嘴与副油箱增压空气管路连接，出口接嘴与大气相通。

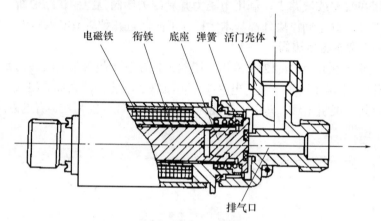

图 14-2　RDF-4C 型通气电磁阀构造示意图

当飞机进行压力加油时，通气电磁阀的电磁铁线圈通电，衔铁带动底座离开活门，使通气电磁阀的进、出口相通，副油箱内的气体可以排出。当飞机压力加油结束，通气电磁阀的电磁铁线圈断电，底座在弹簧的作用下，将活门堵塞，关闭副油箱排气通道。

14.1.2　电动活门

飞机上还有一些利用电动机构控制管路活门的装置，通常称为电动活门。典型的电动活门是空气分布器。下面以 FB-7A 型空气分布器进行说明，其构造图如图 14-3 所示。

FB-7A 型空气分布器是空气调温系统的执行机构，由电动机构和分布开关两大部分组成，用它来直接控制冷、热分气门开度的大小。

电动机构由 ZD-7 型电动机、减速器、回输电位计、终点断电装置、摇臂机构和熄弧电容器等组成。ZD-7 型电动机是两极双向串励式直流电动机，额定输出功率为 7W。电动机的输出轴直接与减速器相连。减速器包括三级齿轮减速器和两级蜗杆—蜗轮减速器。减速器的总减速比为 20000∶1。减速器的输出轴上固定有回输电位计的电刷和终点断电装置的凸轮。在电动机构输出轴的端部固定有一个拨杆，拨杆通过摇臂机构传动空气分布开关中"冷"、"热"气门的开度。终点断电装置由凸轮和两个 WK1-1 型微动开关组成。当电动机构工作到"冷"或"热"极限位置时，凸轮压动相应微动开关的顶杆，将

180

电动机电路切断。

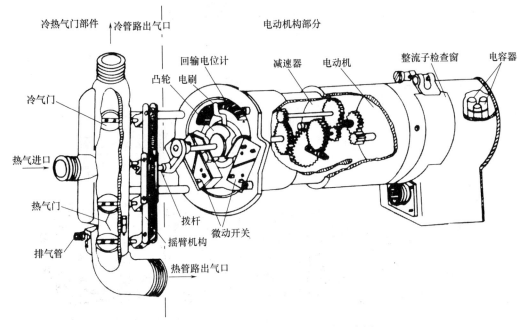

图 14-3　FB-7A 型空气分布器构造示意图

　　"冷"、"热"分气活门均由摇臂机构带动。摇臂机构内装有三个弹簧，如果摇臂机构调整不当，当分气活门已偏转到极限位置，而终点断电装置尚未切断电动机电路时，摇臂机构可拉动弹簧继续移动一段距离，以免损坏电动机。

14.2　电动机构及电动油泵

14.2.1　电动机构

　　电动机构一般由电动机、减速器、电磁制动器(或电磁离合器、或电磁制动离合器)、机械过载保护器、自动断电器、运动转换装置等元件构成，其结构示意图如图 14-4 所示。电动机构的种类很多，它们都是为适应传动飞机附件的不同需要而设置的。下面以 DG-25D 型电动机构为例进行简要介绍。

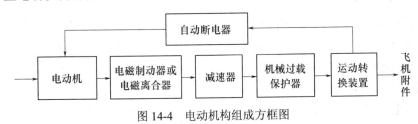

图 14-4　电动机构组成方框图

　　DG-25D 型调整片效应机构的结构及工作原理如图 14-5 所示。DG-25D 型调整片效应机构主要由直流电动机、电磁制动器、游星减速器、滑轮螺旋变换器、终点断电装置、中立位置信号装置和外壳体、内壳体、固定耳、传动筒、插座等组成。

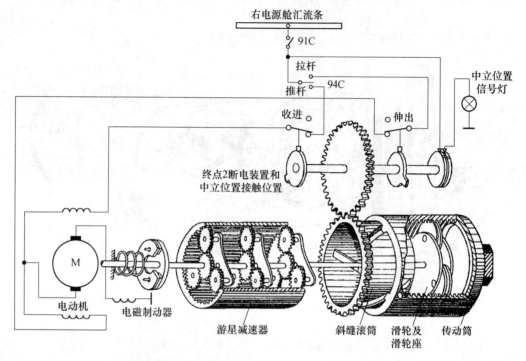

图 14-5　DG-25D 型调整片效应机构的结构及工作原理示意图

1) 电动机

电动机为带有电磁制动器的 **ZD-4.4B** 型两极串励式双向直流电动机，被安装在壳体内部。

2) 电磁制动器

电磁制动器装在电动机输出轴端，用来减小电动机的惯性对工作准确性的影响。电磁制动器由电磁铁、旋转圆盘、制动圆盘和弹簧等组成，工作线圈与电动机电枢串联。

3) 游星减速器

调整片效应机构中采用了三级游星式齿轮减速器，总减速比为 175.6：1。齿圈被固定在内壳体上；三个游星齿轮被固定在同一个连板上，它们既能在齿圈上自转，又能绕中心齿轮公转。最后一级减速器的输出轴带动滑轮螺旋变换器的滑轮座旋转。

4) 滑轮螺旋变换器

滑轮螺旋变换器，用来将旋转运动变为直线运动。它由滑轮座和传动筒组成。滑轮座上有三个滑轮，当减速器输出轴带动滑轮座转动时，三个滑轮便在传动筒的内螺旋槽中滚动，迫使传动筒作直线运动。

5) 终点断电装置和中立位置信号装置

终点断电装置和中立位置信号装置由滚筒、齿轮、凸轮、胶木轮和微动开关等组成。两个凸轮分别操纵两个 BKl-2 型微动开关，构成终点断电装置，将传动筒的最大运动行程限制在 80mm±1.5mm 范围内。两个弹性接触片及一个嵌有铜片的胶木轮，组成中立位置信号装置。信号装置的胶木轮和断电装置的两个凸轮，分别用螺帽紧压在凸轮轴上。松开螺帽，转动胶木轮和凸轮，可以调整中立信号灯亮的位置和传动筒收进、伸出的极限位置。

14.2.2　电动油泵

飞机燃油系统中使用了离心式电动油泵，将电能转换为燃油的压力能来输油。它是利用固定在电动机轴上的叶片将能量加到燃油中去的机器，靠离心力来增压输油。

离心式电动油泵包括电动机和离心式泵两部分。离心式泵主要由叶轮和使油顺利地导入叶轮进口处的导流筒以及带输出管的蜗壳组成，如图 14-6 所示。

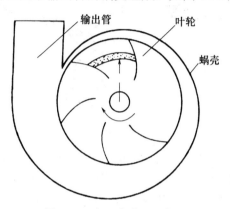

图 14-6　离心式油泵示意图

油泵工作时，叶轮被电动机带动高速旋转。经导流筒流入叶轮的燃油，受叶片推动，也随着旋转。叶片间的燃油随叶轮旋转时，会受到惯性离心力作用。离心式泵就是依靠燃油所受的这种惯性离心力来使燃油增压的。每层液体所产生的离心力，都会作用到它外侧的各层液体上，使它们的压力提高。而每层液体所受到的离心力，则是它内侧各层液体所产生的离心力的总和。液层距离轴心越远，处于它内侧的液层数目越多，它所受的离心力就越大，压力也就越高。所以，液体流经叶轮时，它的压力是逐渐提高的。处于叶轮外缘的液体，压力最高。这个压力就是离心泵使液体增加的压力，在这个压力的作用下，液体就能克服外部管路的阻力，以一定的流量流出。

14.3　机、内外照明及信号灯具

飞机照明和灯光信号设备的种类繁多，大致可以分为以下几类：

(1) 飞机内部照明设备，如座舱灯、荧光灯、飞机仪表照明、导光板照明等。

(2) 飞机外部照明设备，如滑行灯和着陆灯。

(3) 飞机内部灯光信号设备，如各种信号灯和信号灯盒。

(4) 飞机外部灯光信号设备，如航行灯、编队灯和防撞灯等。

14.3.1　机内照明及信号灯具

1. 座舱灯

座舱灯用于座舱局部照明座舱，其结构和原理电路如图14-7所示。

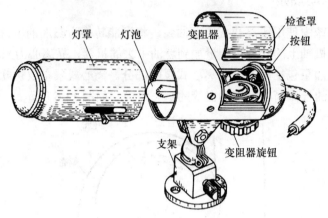

图 14-7　座舱灯

座舱灯由灯罩、灯座、胶木壳体、支架、变阻器和按钮组成。灯座内安装白炽灯泡。灯泡电路由变阻器或按钮控制。转动变阻器的旋钮，可均匀地调节灯光的强弱。当将旋钮沿顺时针方向拧到极限位置时，灯泡电路即断开。当需要进行短时间大亮度照明时，可按下灯体后部的按钮，使灯泡与电源直接接通。前后移动灯罩，可调节灯光照射范围。扭动活动支架接头，可改变灯光照射的方向。

2. 荧光灯

飞行过程中用白炽灯来照明座舱，存在以下缺点:飞机员习惯于座舱内明亮的环境后，看不清座舱外部情况；座舱里亮光还容易把自己暴露给敌人。为此，飞机采用了荧光灯。它能产生人眼看不见的紫外线，照射仪表刻度、指针和各种操纵手柄的夜光粉，使夜光粉发出清晰醒目的亮光。飞行人员既能清晰地看清指针、刻度和操纵手柄等，又能迅速地看清座舱外面暗处的情况，也不易被敌方发现。

荧光灯的灯光强弱由荧光灯变阻器控制。使用时将变阻器旋钮拧到"点燃"位置，灯泡点燃。反时针拧变阻器的旋钮，灯光减弱，顺时针拧，则灯光加强，把旋钮拧到"断开"位置，电路切断，荧光灯熄灭。

3. 导光体灯

导光体灯是用来照射导光板上各种标记的。导光体灯与导光板构成一体，如图 14-8 所示。

导光板是由航空有机玻璃材料制成。采用光刻工艺在其表面刻上文字、符号，并在文字、符号上涂有反射性质的白漆，其余不需发光的表面涂以黑色光刻涂料。当导光体灯工作时，光线在标记(文字、符号)处发生漫透射，就能清晰地显示出文字、符号，为座舱内各种开关、按钮等提供较好的照明效果。

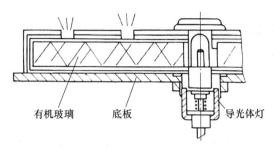

有机玻璃　　底板　　　导光体灯

图 14-8　导光照明装置

4. 机内灯光信号设备

1) 信号灯

信号灯是单个安装在仪表板上的一种信号灯，用它来向飞行员提供某些设备的工作状态，发出警告信号等，如油泵信号灯。

2) 信号灯盒

信号灯盒是组合安装的信号灯，以反映某一设备或某一系统多个不同的信号，它由带灯座的信号盘底座和带滤光玻璃的信号灯罩组成。有的还设有供检查信号盒内灯泡的按钮等。XH-3 型信号盒安装在歼-7B 型飞机座舱右仪表板上，其外形如图 14-9 所示。

图 14-9　XH-3 型信号盒

3) 灯光告警系统

灯光告警系统的工作原理是：当飞机系统或设备发生故障时，灯光告警计算机接收到飞机各系统的故障信号，通过输入接口将故障信号送入中央信息处理机进行识别和控制，然后将故障信号或状态信号送到告警灯盒或状态灯盒，这时相应的信号灯及装在仪表板中部的主警告灯及时地向飞行员发出闪亮指示信号，并通过耳机向飞行员提供相应的告警或提示语言，以便飞行员能尽快采取安全措施。

14.3.2 机外照明及信号灯具

1. 机外照明设备

常用的机外照明设备包括着陆灯、滑行灯等。机外照明由相应的控制开关或机外照明控制盒控制。

1) 着陆灯

着陆灯照明用于夜间和能见度不好的情况下，飞机在着陆阶段照亮地标及跑道，以保证飞机安全着陆。着陆灯通常安装在主起落架支柱上。有的飞机的着陆灯装在机翼下面，由电动机构控制收放。

ZLD-2 型着陆滑行灯由灯体和电动机构组成，如图 14-10 所示。着陆滑行时，电动机构将灯体放下，让光束照射左前下方。

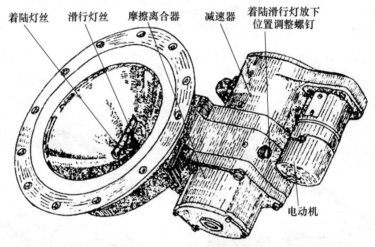

图 14-10　ZLD-2 型着陆滑行灯

2) 滑行灯

滑行灯照明用于夜间和能见度不好的情况下，飞机在滑行阶段照亮跑道。滑行灯通常安装在前起落架支柱上。

2. 机外灯光信号设备

常用的机外灯光信号设备包括航行灯、编队灯、防撞灯、起落架外部信号灯等。机外灯光信号设备由相应的控制开关或机外灯光控制盒控制。

1) 航行灯

航行灯的主要功用是在夜航时显示飞机在空中的位置和航向，以免飞机发生相互碰撞。在地面夜间条件，飞机进行牵引、滑行等也可使用航行灯。一般在飞机机翼左右两侧和尾部各装有一盏航行灯，其滤光玻璃颜色是左红、右绿、尾白。

HD-3 型机翼航行灯的构造如图 14-11(a)所示，WD-1 型尾部航行灯的构造如图 14-11(b)所示。

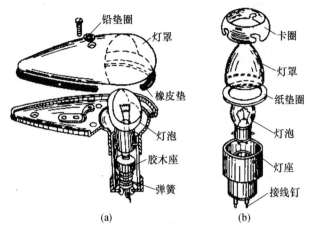

图 14-11　航行灯构造示意图

2) 编队灯

编队灯用于夜间飞机编队飞行时，向邻近的飞机驾驶员提供有关飞机的轮廓、姿态及方位的视觉信息，飞行时可以根据各种不同编队队形的要求，调节编队灯的亮度。

在飞机机身上、下部装有上机身编队灯和下机身编队灯，在左、右机翼的翼尖装有左翼尖编队灯和右翼尖编队灯。为了充分反映飞机的横向轮廓，左、右翼尖编队为左红右绿，兼做航行灯用。

3) 防撞灯

飞机夜航飞行时，防撞灯用于远距离给其他飞机提供防撞信号，以避免飞机间碰撞。防撞灯安装在飞机垂直尾翼顶部，为以一定频率发出闪光的红色灯。

4) 起落架外部信号灯

起落架外部信号灯装在飞机起落架支柱上。夜航时，在起落架放好后灯亮，可以供地面指挥人员观看起落架是否放好，以确保飞行安全。

14.4　火警传感器

火警传感器是用来感受发动机失火信号的，它可将发动机舱的温度或着火火焰转换成电信号，再去控制火警信号灯的工作。

飞机上常用的火警传感器有双金属片式和离子式。双金属片火警传感器感受的是温度，当传感器周围失火，温度升高时，双金属片变形，带动活动电触头接通火警信号灯。

14.4.1　离子式火警传感器

离子式火警传感器是用耐热不锈钢管弯制而成的两个半环，用陶瓷绝缘子将传感器与支架绝缘，并由支架安装于发动机上。离子式火警传感器感受的是火焰。当传感器附近有火焰时，它产生微弱的电信号，此信号经过火警控制盒进行功率放大后，控制火警信号灯燃亮。

离子火警传感器如图 14-12 所示，它由耐热不锈钢管制成，呈圆弧形。两个传感器用陶瓷绝缘子的支架固定在发动机左、右两侧下方易失火的部位，传感器钢管与飞机机体之间构成 15mm~30mm 的间隙。发动机没有失火时，间隙空气温度正常，间隙中空气绝缘电阻很大；当发动机失火时，火焰穿过间隙，间隙中的空气会因高温而电离，使间隙中空气绝缘电阻减小。传感器将绝缘电阻的变化转化为失火的电信号。

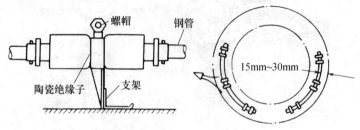

图 14-12　离子式火警传感器

14.4.2　双金属片式火警传感器

JUA-3 型火警传感器由双金属片、活动触头、固定触头和外罩等组成，其构造如图 14-13 所示。双金属片的一端固定，另一端装有活动触头。正常情况下，活动触头和固定触头是接通的。当传感器周围的温度达到其断开温度(200_0^{+50} ℃)时，双金属片变形并带动活动触头跳起，活动触头与固定触头分离；当温度降低到传感器的接通温度(170_0^{+30} ℃)时，活动触头重新与固定触头接通。

JUA-3 型火警传感器的工作电压为 27V±2.7V，触头允许负荷不大于 2A。

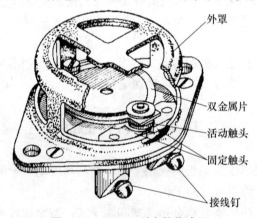

图 14-13　JUA-3 型火警传感器

复习思考题

1. 说明离心式电动油泵的增压原理。
2. 飞机有哪些座舱照明设备？它们有什么作用？
3. 简述离子火警传感器的工作原理。

参 考 文 献

[1] 吴森堂，费玉华. 飞行控制系统[M]. 北京：北京航空航天大学出版社，2005.

[2] 张明廉. 飞行控制系统[M]. 北京：航空工业出版社，1994.

[3] 宋翔贵，张新国，等. 电传飞行控制系统[M]. 北京：国防工业出版社，2003.

[4] 申安玉，申学仁，李云保等编著. 自动飞行控制系统[M]. 北京：国防工业出版社，2003.

[5] 郭秀中，等. 陀螺仪理论及应用[M]. 北京：航空工业出版社，1987.

[6] 张桂才，等译. 光纤陀螺仪[M]. 北京：国防工业出版社，2002.

[7] 张宗麟. 惯性导航与组合导航[M]. 北京：航空工业出版社，2000.

[8] 王兆安，黄俊. 电力电子技术[M]. 4版. 北京：机械工业出版社，2001.

[9] 金海明，郑安平. 电力电子技术[M]. 北京：北京邮电大学出版社，2006.

[10] 华伟，周文定. 现代电力电子器件及其应用[M]. 北京：北方交通大学出版社，2002.

[11] 张一工，肖湘宁. 现代电力电子技术原理与应用[M]. 北京：科学出版社，1999.

[12] 谢军，张宗麟，刘惠聪，等. 航空控制工程新技术与新装备[M]. 北京：航空工业出版社，2002.